Photoshop网店美工设计与制作

主　编　罗鸿毅　张晓娟
副主编　黄　凤　胡　琳
参　编　黄晓欢　曹建平　黄　飚
主　审　刘　丽　周振瑜

西南师范大学出版社
国家一级出版社　全国百佳图书出版单位

图书在版编目（CIP）数据

Photoshop 网店美工设计与制作 / 罗鸿毅，张晓娟主编. -- 重庆：西南师范大学出版社，2017.8（2018.7 重印）
ISBN 978-7-5621-8874-2

Ⅰ. ① P… Ⅱ. ①罗… ②张… Ⅲ. ①图象处理软件 Ⅳ. ① TP391.413

中国版本图书馆 CIP 数据核字 (2017) 第 190209 号

Photoshop 网店美工设计与制作

罗鸿毅　张晓娟　主编

责任编辑：翟腾飞
装帧设计：畅想设计　杨涵
出版发行：西南师范大学出版社
　　　　　地址：重庆市北碚区天生路 2 号
　　　　　邮编：400715　电话：023-68868624
　　　　　网址：http://www.xscbs.com
印　　刷：重庆康豪彩印有限公司
幅面尺寸：185mm × 260mm
印　　张：12.5
字　　数：243 千字
版　　次：2017 年 9 月 第 1 版
印　　次：2018 年 7 月 第 2 次印刷
书　　号：ISBN 978-7-5621-8874-2

定　　价：38.00 元

前言

随着互联网的快速发展，网络购物已经深入人心，网购的流行也为更多人提供了创业的机会。在电商平台（本书列举淘宝）上各个商家之间的竞争也日趋激烈，为了吸引顾客的眼球，使自己的店铺在同类网店中脱颖而出，对店铺进行包装是一个重要的手段，这就是网店店铺装修。与此同时网店美工人员的需求量也大幅增长。

在进行店铺装修时，最常用的软件是Photoshop，使用Photoshop可以对产品照片进行处理，如修补照片瑕疵、为照片添加特效等，从而把商品最吸引人的一面展现给顾客。我们还需要对购物者心理有一定了解，学会进行网页布局；对色彩敏感，能运用各种视觉冲突，营造良好的观感。

本书按照网店店铺装修人员的典型工作任务，分为7个学习项目，从Photoshop软件的基本功能到基础修图，再到商品主图制作；从文字制作、特效制作进阶到网店整体装修，通过实际案例讲解，培养分析问题、解决问题的能力。本书适合作为职业院校电子商务及计算机专业的课程教材。

本书由重庆市工贸高级技工学校罗鸿毅、张晓娟主编。项目一由胡琳编写；项目二由曹建平编写；项目三由张晓娟编写；项目四由黄飚编写；项目五由黄晓欢编写；项目六由黄凤编写；项目七由罗鸿毅编写。书中涉及的部分素材图片来源于网络，在此向原作者致以由衷的感谢。

由于编写时间仓促，编者水平有限，书中难免存在遗漏、疏忽之处，请读者批评指正。

编者

目录

项目一

Photoshop CC 设计网店的基本常识

在目前互联网快速发展的时代，网络购物在悄悄地改变着人们的购物和消费方式，市场上对淘宝店面设计人才、美工设计人才的需求也水涨船高。在本项目中，我们将与大家一起分享Photoshop CC设计网店的基本常识。

知识目标

（1）熟悉 Photoshop CC 界面。

（2）理解 Photoshop CC 新功能。

（3）掌握无损缩放、消除抖动、智能移除和径向滤镜的使用方法。

（4）掌握如何确定页面尺寸，如何新建、保存及优化图像。

能力目标

（1）能完成图片的无损缩放。

（2）能完成图片的消除抖动。

（3）能完成图片的智能移除。

（4）能熟悉径向滤镜的使用。

（5）能确定页面尺寸。

（6）能新建、保存及优化图像。

情感目标

（1）培养学生分析问题、解决问题的能力。

（2）培养学生的审美能力，制作出既美观又有内涵的网店。

任务一　Photoshop CC 新功能

任务目标

Photoshop CC 的面世意味着 Adobe 提倡的“创意云”时代的到来，Photoshop 软件在互联网时代的用途也因此更加广泛。在本任务中，我们将与大家分享 Photoshop CC 添加的在淘宝店面设计方面的实用新功能。

任务分析

本任务主要熟悉并掌握 Photoshop CC 软件的 4 项新功能，并且能够熟练利用这些新功能对淘宝网页图片进行快速修改优化。

任务过程

1. 无损缩放让大图小图都清晰

（1）打开一幅素材图片，如图 1-1-1 所示，执行“图像—图像大小”命令，然后在弹出的对话框中设置重新采样为“保留细节（扩大）”，就可以更改图像的尺寸

图 1-1-1　素材图片

为我们所需要的数值，同时通过调整“减少杂色”还可以有效降低放大图像过程中所产生的杂点干扰，如图 1-1-2 所示。

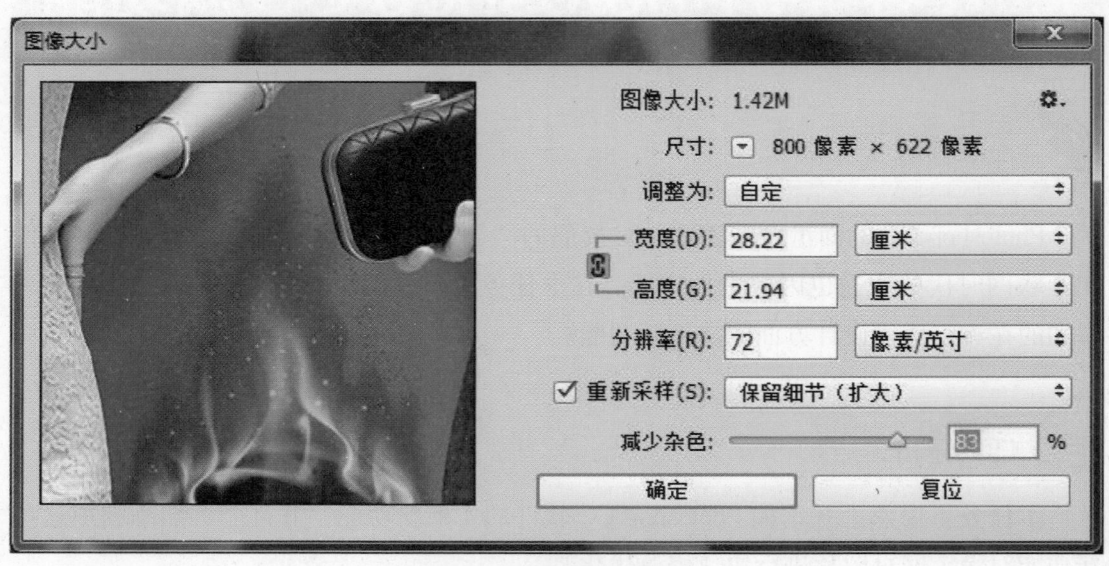

图 1-1-2　图像大小

（2）图像运算结束之后，我们发现图像的尺寸发生了变化。选择“裁剪工具”，将我们需要的部分裁剪出来，如图 1-1-3 所示。

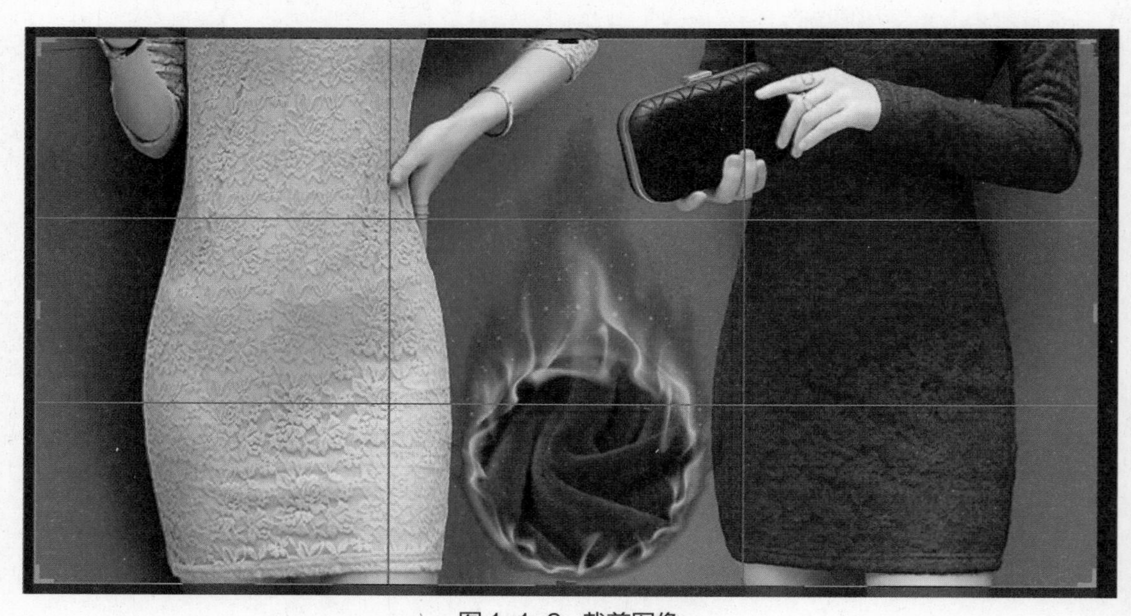

图 1-1-3　裁剪图像

（3）图像裁剪处理完成之后，需要将图像进行锐化处理。新的智能锐化滤镜让我们更加自如地提高图像清晰度。打开需要进行锐化的图像，执行“滤镜—锐化—智能锐化”命令，我们可以控制的参数有数量、半径、减少杂色以及选择模糊类型，还可以控制锐化效果在阴影和高光中的应用程度，如图 1-1-4 所示。修改完成之后输出最终的设计稿保存，得到实际应用效果图，如图 1-1-5 所示。

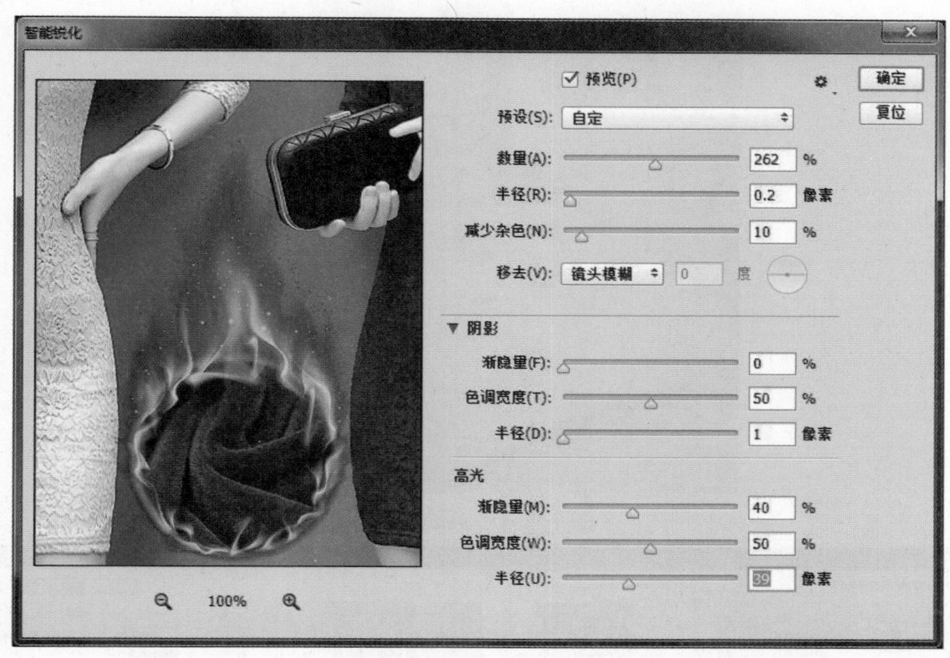

图 1-1-4　智能锐化

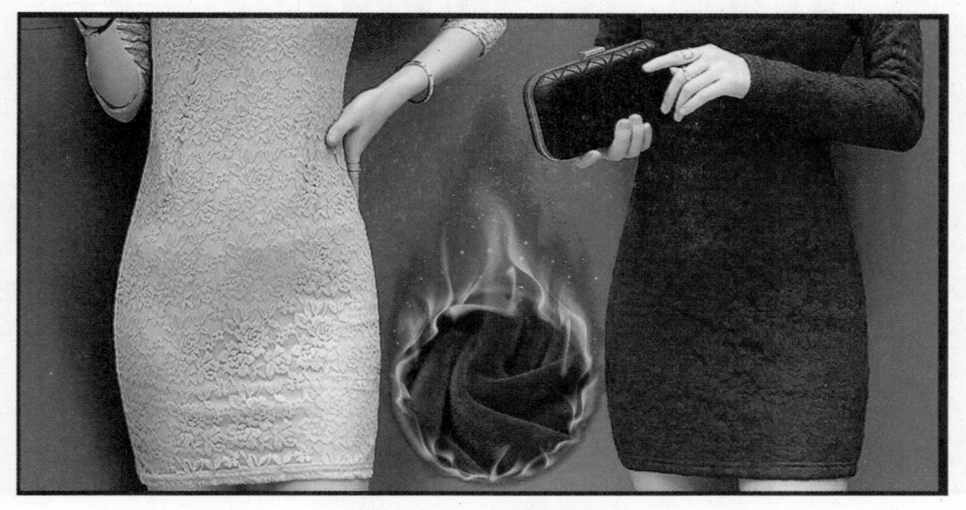

图 1-1-5　应用效果图

2. 消除抖动让宝贝更清晰

（1）打开一幅需要矫正抖动的素材图像，如图 1-1-6 所示。如果图片抖动太厉害，我们就不建议强行使用该功能进行矫正。执行“滤镜—锐化—防抖”命令，可将抖动图像的清晰度最大化，同时将杂色和光晕最小化。我们还可以对多个区域进行微调，以取得更好的效果，如图 1-1-7 所示。

图 1-1-6　抖动图片

图 1-1-7　防抖滤镜

（2）单击“高级”选项，可以清晰地观察到消除抖动的细节。关于“模糊描摹设置”中的 4 个重要控制参数的作用，大家可以将光标放置于标签文字之上，帮助说明文字就会自动显示，如图 1-1-8 所示。

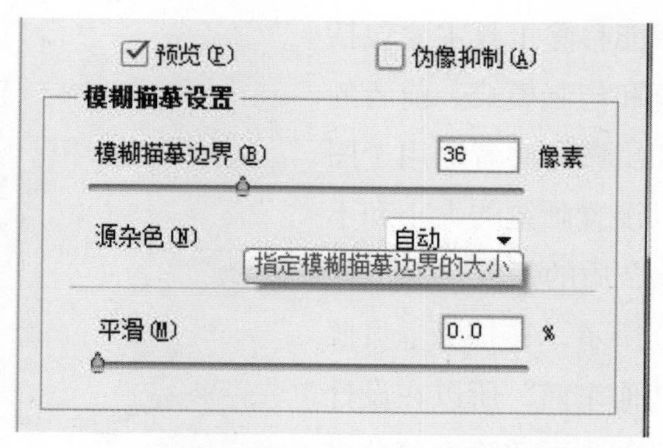

图 1-1-8 “防抖滤镜”帮助说明文字

（3）修改完成之后保存，我们对比修改前和修改后的图片，效果十分明显，如图 1-1-9 所示。

图 1-1-9 完成效果图

3. 智能移除让宝贝成为重点

（1）Photoshop CC 的智能移除工具 Camera Raw 滤镜的工作原理与我们熟悉的修复画笔工具的类似。智能移除工具主要包括两种修复类型，即修复和仿制模式，前者的采样区是纹理、光照和阴影；后者适用于图像采样面积。我们可以设置画笔的大小和不透明度级别来控制移除杂质的强度。

图 1-1-10　素材图片

（2）如图 1-1-10 所示，在拍摄宝贝照片时，不小心出现了其他东西，所以在设计页面的推广效果的时候首先要移除这部分多余的内容。

（3）打开图片素材，执行“滤镜—Camera Raw 滤镜”命令，单击“污点去除”按钮，然后通过调整笔触的大小、选区的羽化强度及移除对象的不透明度，如图 1-1-11 所示，即可快速实现多余杂质的移除。

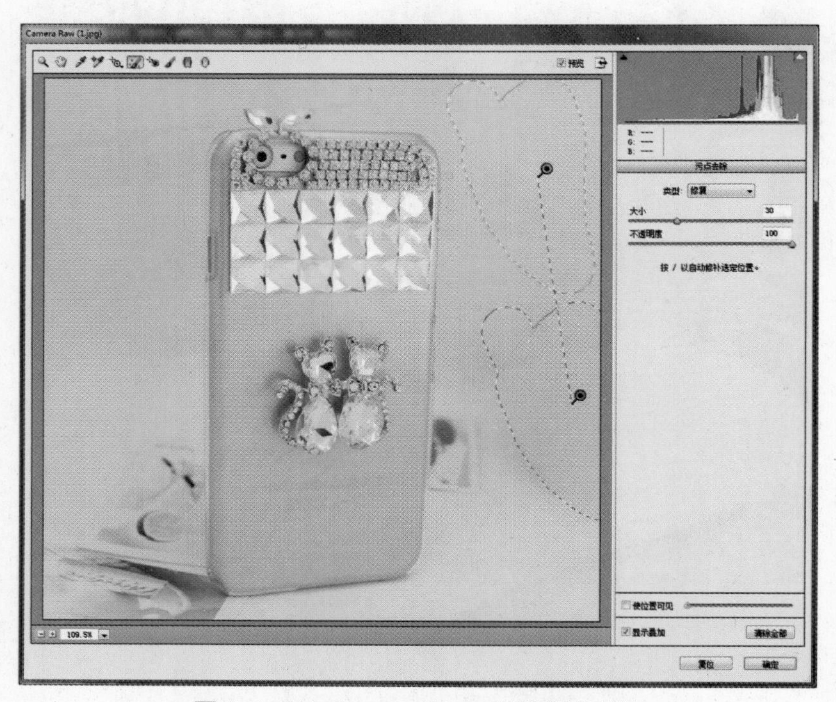

图 1-1-11　Camera Raw 滤镜污点去除

4. 径向滤镜让宝贝更加突出

（1）Camera Raw 滤镜的“径向滤镜”工具，允许我们创建椭圆选定区域而进行图片的局部调整。这让我们将宝贝转变为版面的视觉焦点提供了便利。

（2）打开素材图片，我们希望销售的是这款沙发，我们就需要将沙发作为画面的视觉焦点，同时弱化其他物品对场景的影响，如图 1-1-12 所示。

图 1-1-12 沙发原图

（3）执行“滤镜—Camera Raw 滤镜”命令，单击“径向滤镜”按钮，我们通过调整对比度、高光、阴影、清晰度、锐化程度等参数，使得产品视觉效果得到强化，如图 1-1-13 所示。

图 1-1-13 Camera Raw 滤镜——径向滤镜

提示：模糊和锐化的功能刚好相反，所以在降低“锐化程度”数值的同时，实际上就是在强化周边环境的模糊度。

任务拓展

要求：熟悉 Photoshop CC 的新功能，独自运用无损缩放、消除抖动、智能移除以及径向滤镜等功能对图片进行修改。

任务评价

表 1-1-1 评价表

评价内容	评价标准	分值	学生自评	教师评估
无损缩放	是否熟悉无损缩放的操作步骤	20 分		
消除抖动	是否能利用 Photoshop CC 滤镜消除图片抖动	20 分		
智能移除	是否能使用 Photoshop CC 对图片中多余的东西进行智能移除	20 分		
径向滤镜	能否使用径向滤镜使宝贝更加突出	20 分		
情感评价	是否具备分析问题、解决问题的能力	20 分		
学习体会				

任务二 确定页面尺寸

任务目标

淘宝店的店面设计受到淘宝平台的限制，所以我们首先应该对淘宝店的页面尺寸有一个清楚的认识，便于后期设计的开展。在本任务中，我们将和大家一起来学习如何确定页面尺寸。

任务分析

本任务主要了解图片像素和分辨率的区别，熟悉并掌握如何改变画布的大小，并且能够牢记淘宝店店面设计中常用的图像尺寸。

任务过程

1. 像素和分辨率

像素和分辨率是与图像密切相关的两个不同的概念，它们共同决定了一幅图像的清晰度和所包含的颜色数据量。

像素是组成位图图像的最基本元素，一幅图像所包含的像素数量越多，图像的颜色信息就越丰富，图像也就越清晰。

分辨率是指单位面积内所包含颜色像素点的数量，它决定了位图图像的精细程度，单位通常是“像素 / 英寸”。

同一幅图像，如果分辨率不同，图像的质

图 1-2-1 低分辨率图像

图 1-2-2 高分辨率图像

量有明显的差异。如图 1-2-1 所示图像的分辨率为 72 像素 / 英寸，图 1-2-2 所示图像的分辨率为 200 像素 / 英寸。

2. 改变画布的大小

（1）打开素材图片，如图 1-2-3 所示，执行“图像—画布大小”命令，即可在弹出的对话框中看到画布的原始信息。

图 1-2-3　素材图片

（2）更改画布大小，如图 1-2-4 所示，勾选“相对”选项，然后可以直接设定实际增加或减少的画布区域的大小，通过更改“定位”，我们可以调整当前设计效果在新画布中的位置。如图 1-2-5 所示，我们通过更改画布高度，为画布增加了两个高度为 260 像素的广告空白位。

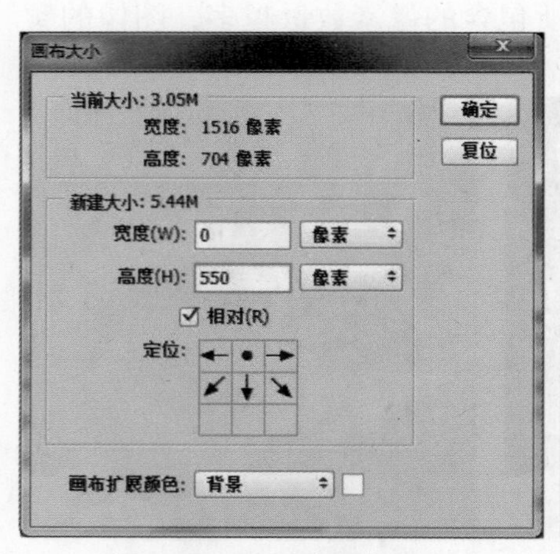

图 1-2-4　更改画布大小

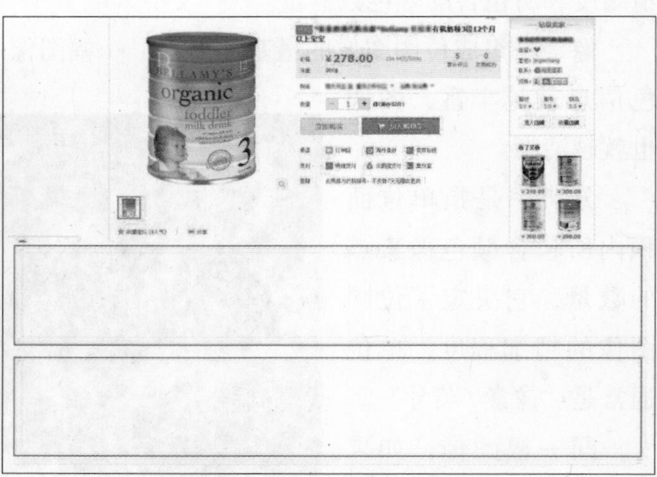

图 1-2-5　增加广告空白位

任务拓展

图像和图形是淘宝店店面中最主要的两种元素。我们在设计各个图像要素的时候都应该按照淘宝网规定的尺寸进行设计，如果尺寸偏差太大，容易造成效果变形而影响视觉效果。

要求：熟悉了解像素和分辨率的含义和区别，能熟练使用 Photoshop 改变画布大小，能牢记淘宝店常用图像尺寸。

任务评价

表 1-2-1 评价表

评价内容	评价标准	分值	学生自评	教师评估
像素和分辨率	是否能区分像素和分辨率的概念	25 分		
改变画布大小	是否能熟练使用 Photoshop CC 改变画布大小	30 分		
常用的图像尺寸	是否可以牢记淘宝店常用图像尺寸	25 分		
情感评价	是否具备分析问题、解决问题的能力	20 分		
学习体会				

任务三 新建、保存及优化图像

任务目标

Photoshop CC 的出现为我们设计淘宝网店的界面提供了无限可能，它操作简单，图像处理功能强大。在本任务中，我们将一起来学习图像处理的 3 项基础知识。

任务分析

本任务主要是熟悉并掌握 Photoshop CC 软件的新建文件、保存文件及图像优化 3 个基础功能。

任务过程

1. 新建文件

（1）新建文件的“名称”最好别直接使用默认的“未标题 1、未标题 2”等名称，文件名称最好包含店铺名称、商家名称、设计日期等等，以方便后期查找。

（2）在淘宝店面设计中，我们一般设置文件大小为“1280 像素 × 720 像素”或“1440 像素 ×900 像素”，分辨率设置为“72 像素 / 英寸”。由于是屏幕显示，不涉及打印输出，所以颜色模式设置为“RGB 颜色模式”，如图 1-3-1 所示。

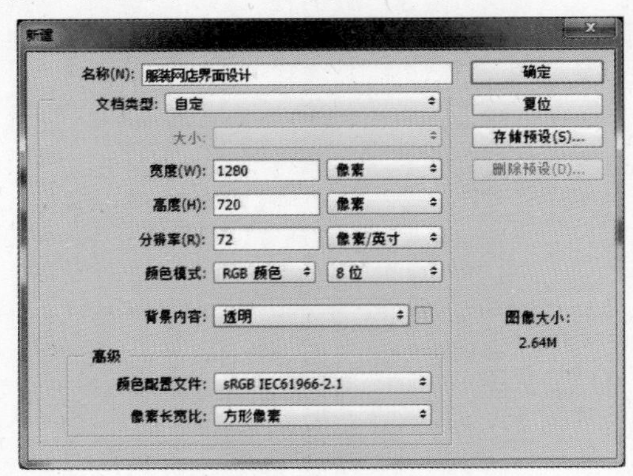

图 1-3-1 新建文件

（3）在 Photoshop CC 软件中，为了方便我们快速设置文件的大小，在“新建文档预设”对话框中提供了“存储预设”选项，我们可以单击此按钮，保存我们常用的文件设置选项，如图 1-3-2 所示。

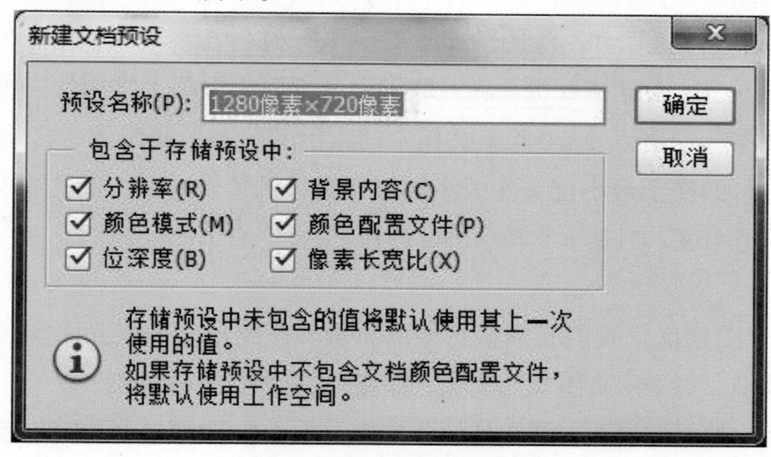

图 1-3-2 新建文档预设

2. 图像的保存

（1）JPEG 格式。JPEG 格式是在互联网及其他联机服务上常用的一种图像格式，它支持 CMYK、RGB 和灰度等颜色模式，不支持透明度。但其保留了 RGB 图像中的所有颜色信息，可以通过有选择地扔掉数据来压缩文件大小。保存文件时，可以确定文件的压缩级别，一般来说，我们选择的压缩比例不要低于 5，否则图像的色彩损失就比较明显了。如图 1-3-3 所示。

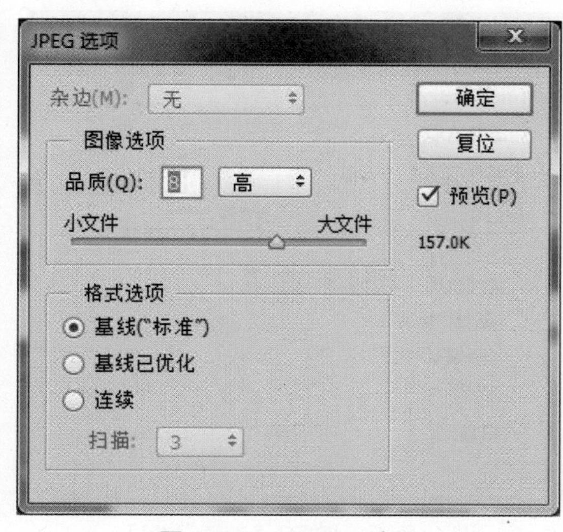

图 1-3-3 JPEG 选项

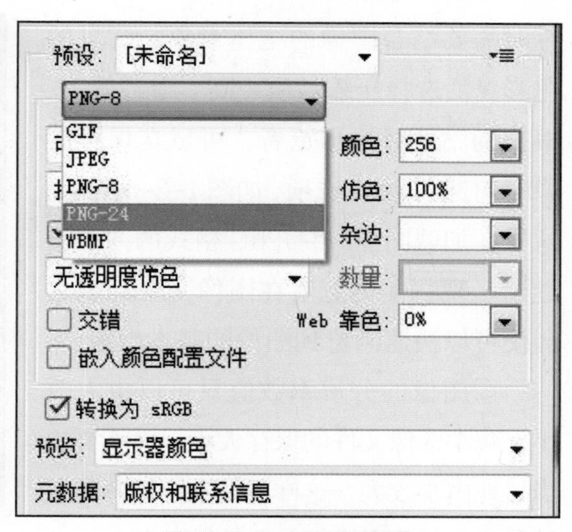

图 1-3-4 PNG 格式

（2）PNG 格式。PNG 格式是一种无损耗的图像格式，我们对 PNG 格式图像做任何操作都不会使得图像质量产生损耗。这也使得 PNG 格式可以作为 JPEG 编辑的过渡格式。当我们保存文件时，可以选择 8 位 256 色的 PNG 和 24 位的全色 PNG。它完全支持图像的透明、半透明和不透明。如图 1-3-4 所示。

（3）GIF 格式。GIF 格式也是在互联网及其他联机服务上常用的一种文件格式，用于显示超文本标记语言（HTML）文档中的索引颜色图形和图像。它是一种用 LZW 压缩的格式，目的在于最小化文件大小和节省文件的传输时间。GIF 格式保留了索引颜色图像中的透明度，但是不支持 Alpha 通道。

3. 图像优化

（1）对于图像优化我们必须在图像的质量和压缩比之间找到平衡点，才能获得满意的视觉效果。对于网页图像的优化，需要处理好 3 个关键点：

①选择正确的保存格式；②文件的分辨率大小；③ 图像包含的颜色数量。

（2）很多时候我们没有处理好这 3 个关键点而导致图像尺寸太大。下面我们来学习图像优化的技巧。

①如果只是图像浏览，而无须用户下载打印，那么我们建议大家可以采用 GIF 格式保存图像，因为 GIF 格式的图像多采用索引模式显示，最多支持 256 种颜色，基本上满足了视觉浏览的需要。GIF 格式适合那些使用纯色或是有限色彩的图像，比如标志、背景、色条等。

②如果是 JPEG 格式的图片，在保存时需要结合图像的主体对象、背景的色彩灵活选择压缩品质（高、中、低）。根据网站的目标浏览者，可以在保存图像时勾选“连续”选项，如图 1-3-5 所示。这样在加载图像时，JPEG 格式的图像会逐渐呈现，使浏览者在图像完全加载之前便可以快速浏览到图像的基本内容。

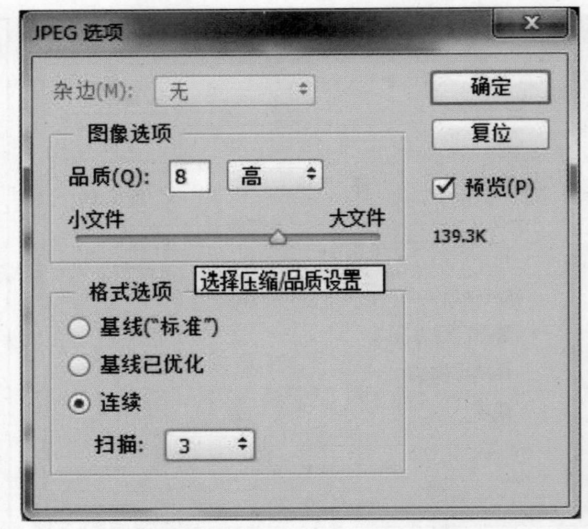

图 1-3-5 JPEG“连续”选项

③图像的分辨率数值只可以由大改小，减小图像文件的保存大小，而不要想当然地由小改大，这样不仅不会提升图像的质量，反而会增加文件的保存大小。

任务拓展

要求：使用 Photoshop CC 独自完成文件的新建/保存，分别保存为 JPEG、PNG、GIF 格式，独立操作完成一幅图像的优化。

任务评价

表 1-3-1　评价表

评价内容	评价标准	分值	学生自评	教师评估
新建文件	是否能熟练使用 Photoshop CC 新建文件	25 分		
图像的保存	是否能熟练使用 Photoshop CC 进行图像的保存	30 分		
图像优化	是否能使用 Photoshop CC 对目标图像进行优化	25 分		
情感评价	是否具备分析问题、解决问题的能力	20 分		
学习体会				

项目二

网店商品的简单处理

在大量的淘宝网网店中，不是每个店主都会美工设计，我们经常看见许多店铺使用的图片都是没有经过任何处理的，图片的曝光、色彩、构图等都有很多的问题。如何对图片进行简单的处理，达到商品图片能吸引人眼球的目的？学习了本项目后，我们将能够具备使用 Photoshop CC 基础工具的能力。

知识目标

（1）熟悉 Photoshop CC 工具栏中工具的使用。

（2）理解工具属性栏的设置原理。

（3）掌握店铺图片的简单处理方法。

（4）理解对商品图片进行简单处理的作用。

能力目标

（1）能正确使用常用工具栏中的工具。

（2）能正确地对工具的属性进行设置。

（3）能用裁剪工具对图片进行裁剪。

（4）能用修复工具对图片进行修复。

（5）能用调整工具对图片的曝光、色彩等进行调整。

情感目标

（1）培养学生分析问题、解决问题的能力。

（2）培养学生的团队合作意识。

（3）培养学生的审美能力。

任务一　利用裁剪工具对图片进行裁剪

任务目标

知道裁剪工具的使用方法和步骤，能够利用 Photoshop CC 按照淘宝网的要求独立完成店铺图片的裁剪。

任务分析

本任务要理解裁剪工具对图片进行裁剪的要求，熟悉利用裁剪工具对图片进行裁剪处理的步骤和方法。

任务过程

1. 打开图片

在“文件”选单中点击“打开”选项（快捷键“Ctrl+O”）或者在窗口空白处双击，在弹出的窗口中选择我们要打开的图片“鞋子 1.jpg”，如图 2-1-1 所示。

图 2-1-1　打开“鞋子 1.jpg”

2. 选择“裁剪工具”

我们看见这张图片是在摄影棚里拍摄的原始图片，我们必须按照淘宝网的要求对图片进行裁剪。

在屏幕左侧的工具栏里点选“裁剪工具” 或者按键盘上的“C”键。如果在裁剪工具上点击鼠标右键会弹出其他裁剪工具，如图 2-1-2 所示。

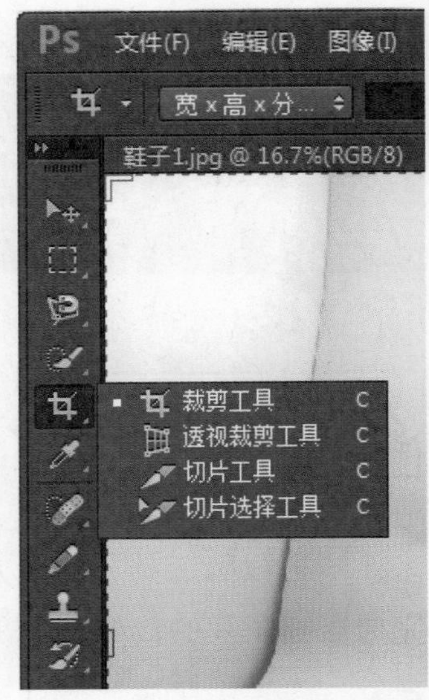

图 2-1-2 其他裁剪工具

3. 设置“裁剪工具”的属性

在淘宝店铺里面，图片作为主图，且分辨率为 700 像素 ×700 像素以上时，要求图片具有放大镜的功能。

在“裁剪工具”的属性栏里，设置长宽的像素为“800 像素”，分辨率为“72 像素 / 厘米”。如图 2-1-3 所示。

图 2-1-3 设置“裁剪工具”属性

这时在主窗口里出现了一个正方形的裁剪框，如图 2-1-4 所示。

图 2-1-4 裁剪框

4. 调整裁剪框大小及图片位置

拖动主窗口上裁剪框四个角上的控制柄，调整图片的大小，拖动图片，使得商品在图片的中央位置，如图 2-1-5 所示。

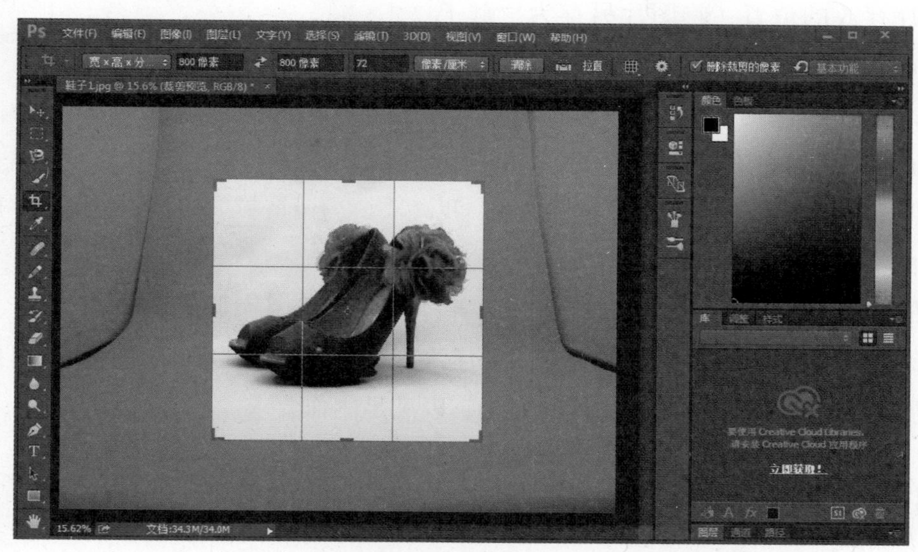

图 2-1-5　调整裁剪框的大小及图片位置

5. 完成裁剪

调整好裁剪框大小及图片位置后，直接按回车键，完成对图片的裁剪，如图 2-1-6 所示。

图 2-1-6　完成裁剪

6. 保存文件

图片裁剪完成后，单击“文件”选单下的“存储为”选项，在“另存为”对话框里选择图片存放的位置，将图片另存为“鞋子成品 .jpg”文件。这时弹出一个“JPEG 选项”对话框，如图 2-1-7 所示。

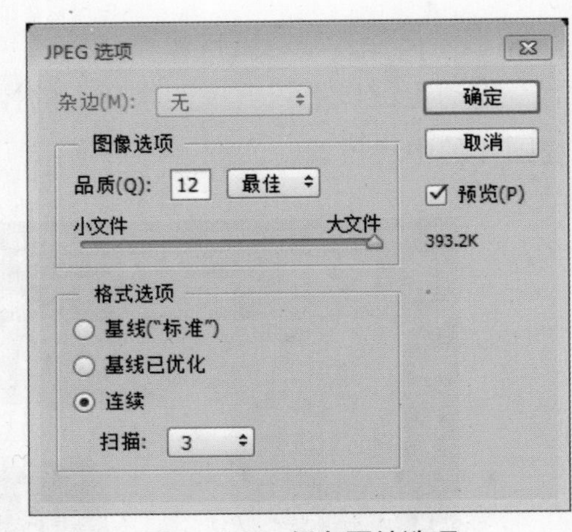

图 2-1-7 保存图片选项

我们看到图片的存储大小为 390 K 左右，淘宝网要求图片的存储容量不超过 500 K。我们制作的文件符合此要求。点“确定”按钮完成存储。

如果在“JPEG 选项”里面查看图片的存储容量超过了 500 K，这时我们可以调整图像品质为 8 或 10，减小存储文件的大小，以满足制作要求。

任务拓展

要求：登录淘宝网仔细观察 1 ~ 2 个店铺的商品主图的大小、商品摆放位置，学习较成功的店铺的图片制作风格。

任务评价

表 2-1-1 评价表

评价内容	评价标准	分值	学生自评	教师评估
裁剪工具选取	是否熟悉选取裁剪工具的多种方式	35 分		
裁剪工具属性设置	是否能熟练设置 Photoshop CC 中裁剪工具的属性	25 分		
调整裁剪框的大小及图片位置	是否能熟练对裁剪的图片进行大小及位置的调整	25 分		
情感评价	是否具备分析问题、解决问题的能力	15 分		
学习体会				

任务二　利用调整工具对图片进行调整

任务目标

能够利用 Photoshop CC 的调整工具完成图片的曝光、色彩的调整，以达到图片与真实商品的色彩相一致的目的。

任务分析

本任务要理解调整工具对图片进行调整的要求，熟悉调整工具对图片进行调整处理的步骤和方法。

任务过程

1. 打开图片

启动Photoshop CC，在窗口空白处双击，在弹出的窗口中选择我们要打开的图片“曝光不足 .jpg”，如图 2-2-1 所示。

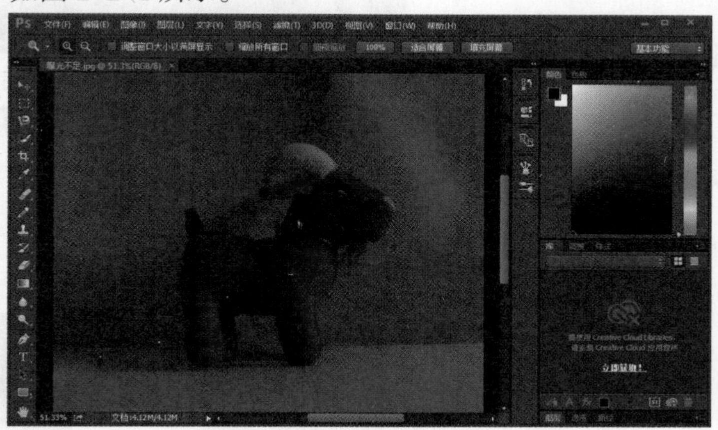

图 2-2-1　打开“曝光不足 .jpg”

2. 观察图片

打开图片后我们看到这张图片曝光不足，必须进行修复调整才能使用这张图片。在 Photoshop CC 里，调整工具位于选单栏里面的“图像”选单里，如图 2-2-2 所示。

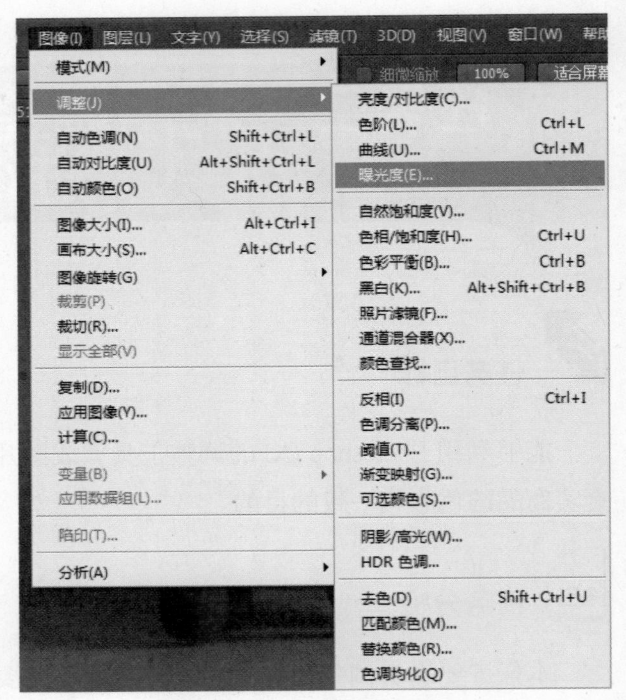

图 2-2-2 调整工具的位置

3. 选择“曝光度”

针对曝光不足的图片进行调整有多种方法，调整“曝光度”是其中之一，也可以选择“亮度 / 对比度”“色阶”“曲线”，这些功能都可以用来调整图片的曝光，它们各自采用的方法不同，但达到的效果基本上差不多。

在这个案例中，我们就用调整“曝光度”来对这张图片的曝光进行调整。选择了“曝光度”选项后，会弹出一个调整曝光度的对话框。如图 2-2-3，图 2-2-4 所示是调整前后的对比和调整的参数值。

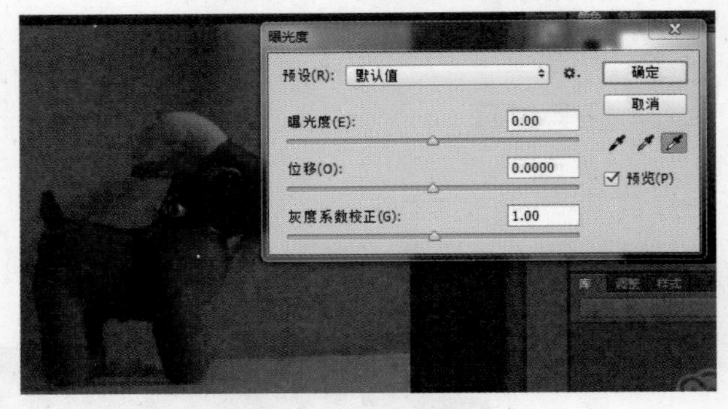

图 2-2-3 调整曝光度前

4. 调整参数

拖动曝光度的滑动条就可以改变曝光度，向右拖动到“+2.31”的位置曝光就基本正常了。

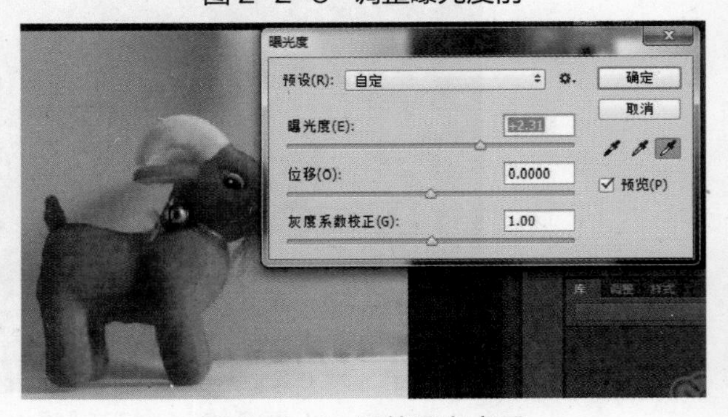

图 2-2-4 调整曝光度后

5. 打开图片

接着我们再打开上一任务完成的图片“鞋子成品.jpg”进行观察，发现这张图片的背景颜色有点偏蓝，因此我们对这张图片的色彩也要进行调整。

6. 选择调整色彩工具

点击“图像”选单，选择“调整”选项下的“色彩平衡”选项，弹出“色彩平衡”对话框，如图 2-2-5 所示。

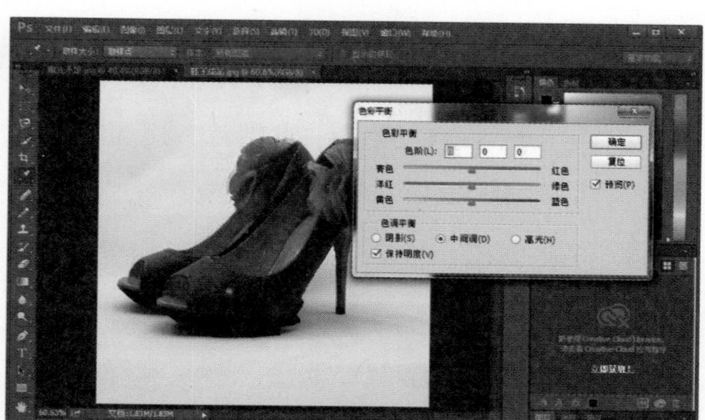

图 2-2-5 “色彩平衡”对话框

7. 色彩平衡的知识

在使用 Photoshop CC“色彩平衡”命令前要了解互补色的概念，所谓“互补”，就是 Photoshop CC 图像中一种颜色成分的减少，必然导致它的互补色成分的增加，绝不可能出现一种颜色和它的互补色同时增加的情况；另外，每一种颜色可以由它的相邻颜色混合得到（例如：绿色的互补色洋红色是由蓝色和红色重叠混合而成，红色的互补色青色是由蓝色和绿色重叠混合而成）。

8. 开始调色

色彩平衡的调整分为“色彩平衡”调整和“色调平衡”调整，根据我们要调整的这张图片的背景，我们应该选择“色调平衡”的“高光”，因此我们选取“色调平衡”的“高光”选项；再调整颜色，背景偏蓝，就将蓝色减少一点，拖动“黄色 / 蓝色滑动条”向黄色方向拖动，观察图像的颜色变化。在保证背景调整为白色的同时，其他部位的颜色如果出现比较大的变化，则配合另外两种颜色滑动条进行调整，如图 2-2-6 所示。

图 2-2-6 调色后的参数及效果

9. 保存文件

将调色完成后的图片另存为“鞋子成品调色后.jpg”文件，以备后面使用。

任务拓展

要求：同学们自己拍摄一些图片，用 photoshop CC 进行裁剪、调整。

任务评价

表 2-2-1 评价表

评价内容	评价标准	分值	学生自评	教师评估
调整工具选取	是否熟悉选取调整工具的多种方式	35 分		
调整工具参数设置	是否能熟练使用 Photoshop CC 进行调整工具参数的设置	25 分		
色彩平衡的知识掌握	是否能熟练对图片颜色进行判定并调整颜色偏差	25 分		
情感评价	是否具备分析问题、解决问题的能力	15 分		
学习体会				

任务三　利用修复工具对图片进行局部修复

任务目标

知道用修复工具对图片的瑕疵进行修复的方法和步骤，能够利用 Photoshop CC 的修复工具完成图片的修复。

任务分析

本任务要理解修复工具对图片进行修复的要求，熟悉修复工具对图片进行修复处理的步骤和方法。

任务过程

1. 打开图片

启动Photoshop CC，在窗口空白处双击，在弹出的窗口中选择我们要打开的图片“鞋子成品调色后 .jpg”，如图 2-3-1 所示。

图 2-3-1　打开“鞋子成品调色后 .jpg”

2. 观察图片

打开图片后我们看到这张图片的鞋子表面有污点，必须进行修复处理。在 Photoshop CC 里用修复工具进行修复处理。

3. 选择“污点修复画笔工具”

对图片中的污点进行修复有多种方法，“污点修复画笔工具”是其中之一。也可以选择“修复画笔工具”“填充”和“仿制图章工具”，这些工具都可以用来对图片进行修复。

我们先用“污点修复画笔工具”来进行修复。选择工具箱中的“污点修复画笔工具”，在属性栏调整画笔的大小为“24 像素”，以适应要修复的污点，如图 2-3-2，2-3-3 所示。

4. 修复

如果污点面积比较小，可以用鼠标左键点选来进行修复，如果污点面积大就按住鼠标左键涂抹污点处进行修复，修复后的效果如图 2-3-4 所示。

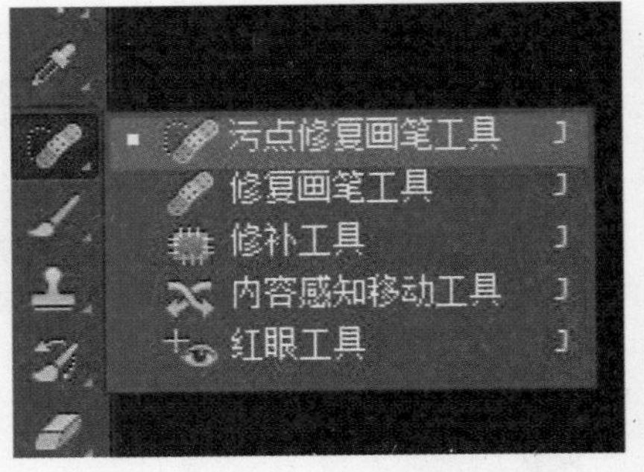

图 2-3-2 选择“污点修复画笔工具”

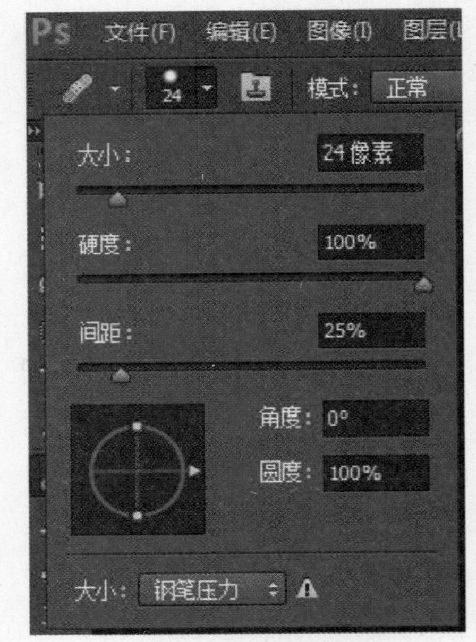

图 2-3-3 调整“污点修复画笔”大小

图 2-3-4 修复后效果

5. 保存图片

将修复后的图片另存为“鞋子成品调色修复 .jpg”。

6. 其他修复方法

“修复画笔工具”：使用方法与“污点修复画笔工具”相似，只是在修复前要先选取修复源点，其方法是按住键盘上的“Alt”键用鼠标左键点选源点，然后再进行涂抹修复。

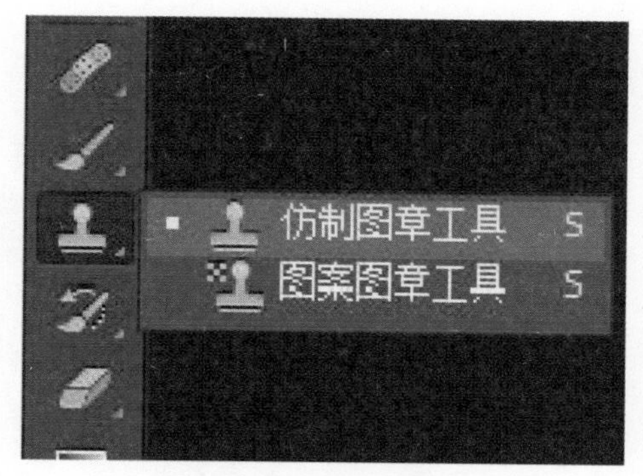

图 2-3-5　选取“仿制图章工具”

“仿制图章工具”：先选取“仿制图章工具”，如图 2-3-5 所示。

然后选取源点，方法与“修复画笔工具”相同，按住键盘上的“Alt”键，再用鼠标左键点击选取源点，然后再进行修复。

“填充”：其使用方法为用“矩形选框工具”选取污点部分，再单击鼠标右键选择快捷选单里的“填充”或者在选单里选取“编辑”选单下的“填充”命令，在“填充”对话框里，将“内容”修改为“内容识别”，再点击“确认”键，完成修复，整个过程如图 2-3-6 所示。

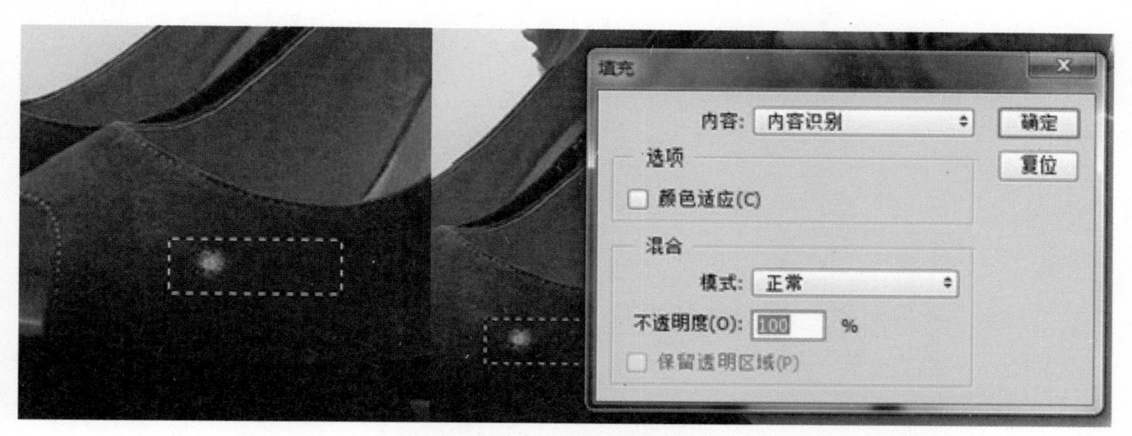

图 2-3-6　“填充”修复过程

任务拓展

要求：同学们用手机拍摄人物脸部照片，用 Photoshop CC 进行脸部瑕疵的修复。

任务评价

表 2-3-1 评价表

评价内容	评价标准	分值	学生自评	教师评估
污点修复画笔工具选取	是否熟悉选取“污点修复画笔工具”	35 分		
修复过程	能否熟练使用 Photoshop CC 进行图片修复	25 分		
其他修复方法的掌握	能否熟练对图片瑕疵进行多种方法的修复	25 分		
情感评价	是否具备分析问题、解决问题的能力	15 分		
学习体会				

任务四　综合实训

任务目标

知道对网店商品图片进行简单处理的方法和步骤，能够利用 Photoshop CC 的工具箱完成对图片的简单处理。

任务分析

本任务要理解利用 Photoshop CC 工具箱对图片进行简单处理的要求，熟悉用这些工具对图片进行简单处理的步骤和方法。

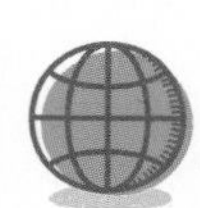

任务过程

（1）打开图片“练习一 .jpg”，如图 2-4-1 所示。

图 2-4-1　打开“练习一 .jpg”

（2）裁剪图片并调整位置，将商品放在选区中央，设置参数为“800 像素 ×800 像素”，如图 2-4-2 所示。

图 2-4-2 裁剪图片

（3）用“色阶工具”调整背景颜色，因背景颜色为白色，选取白场，用吸管点选背景不是白色的区域，直到背景颜色为白色。如图 2-4-3 所示。

图 2-4-3 色阶工具

（4）调整后的背景，如图 2-4-4 所示。

图 2-4-4　调整背景色后的效果

（5）再用“曲线工具”调整，如图 2-4-5 所示。

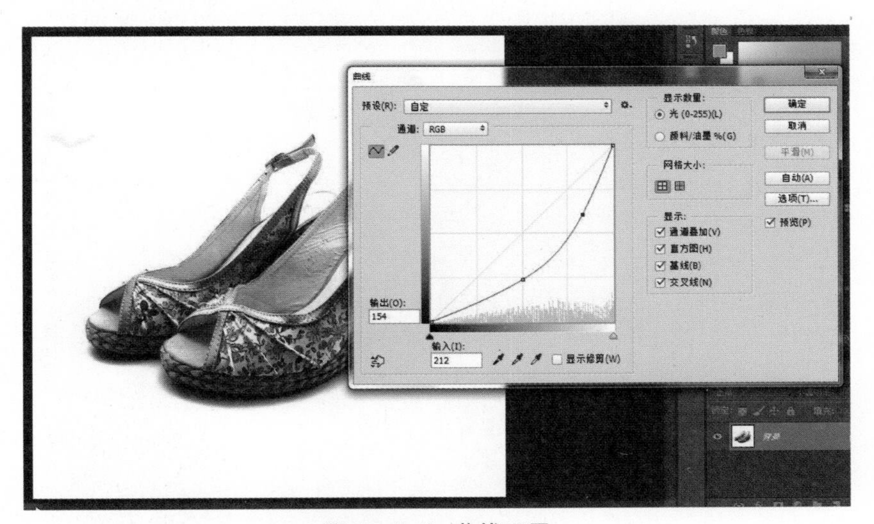

图 2-4-5　曲线工具

（6）保存文件。

任务评价

表 2-4-1 评价表

评价内容	评价标准	分值	学生自评	教师评估
裁剪图片	是否熟悉裁剪工具的使用	35 分		
调整工具调整图片颜色和背景	能否熟练使用调整工具调整图片颜色和背景	25 分		
操作过程	能否熟练对图片进行简单处理	25 分		
情感评价	是否具备分析问题、解决问题的能力	15 分		
学习体会				

项目三

网店商品的抠图技巧

开网店一定会涉及图片处理，要对图片的局部进行处理，需要先通过各种方法将其选中，也就是创建选区，再进行移动、复制、填充或色彩调整等操作。抠图是一项很重要的工作，良好的抠图技巧可以使不美的图片经过处理后看上去美观大方，也可以使本来很美的图片更加锦上添花。在本项目中，我们将学习采用Photoshop CC进行抠图的方法和技巧。

知识目标

（1）掌握魔棒工具、快速选择工具的具体应用。
（2）掌握套索工具的具体应用。
（3）掌握钢笔工具、路径工具的应用方法。
（4）掌握通道的功能及通道面板的应用方法。
（5）掌握正片叠底、滤色等混合模式的功能及应用方法。
（6）掌握图层蒙版、快速蒙版的功能及应用方法。

能力目标

（1）能使用魔棒工具、快速选择工具抠取商品。
（2）能使用套索工具、磁性套索工具抠取商品。
（3）能使用钢笔工具、路径工具创建选区。
（4）能利用通道的功能创建选区。
（5）能利用图层蒙版、快速蒙版创建选区。
（6）能利用正片叠底、滤色、颜色加深等图层混合模式抠取商品。
（7）能对选区进行移动、复制、填充、羽化、收缩、反选、变形等处理。
（8）能够综合利用各种创建和调整选区的方法处理图像。

情感目标

（1）培养学生分析问题、解决问题的能力。
（2）培养学生在图像设计中的实际操作能力。

任务一　利用魔棒工具、快速选择工具抠取商品

任务目标

知道魔棒工具、快速选择工具的使用方法和应用技巧，能利用两种不同的工具抠取商品，并处理图像、制作广告。

任务分析

本任务案例使用魔棒工具进行相同或相近的像素选择，即选中人物背景并反向选择，然后将其移动到另一幅图片中完成化妆品广告制作。

任务拓展练习是使用快速选择工具对需要选择的图像中部分区域进行涂抹，从而形成选区，再创建新图层，在选区内填充颜色并改变图层的混合模式。

任务过程

1. 打开素材

打开素材文件“人物、背景、口红”图片，执行“窗口—排列—使所有内容在窗口中浮动”命令，如图 3-1-1 所示。

图 3-1-1　打开“人物、背景、口红”图片

2. 创建人物选区

选择“魔棒工具”，在其工具选项栏中设置容差为“10”，如图 3-1-2 所示。

图 3-1-2 魔棒工具属性栏

在人物素材中单击白色背景，即为白色区域创建选区。单击“选择—反向”命令（快捷键“Ctrl+Shift+I”），执行反向选择，即可选择人物部分，如图 3-1-3 所示。

点击魔棒工具属性栏上“调整边缘”按钮，设置参数，柔化选区边界，如图 3-1-4 所示。

图 3-1-3 创建“人物”选区

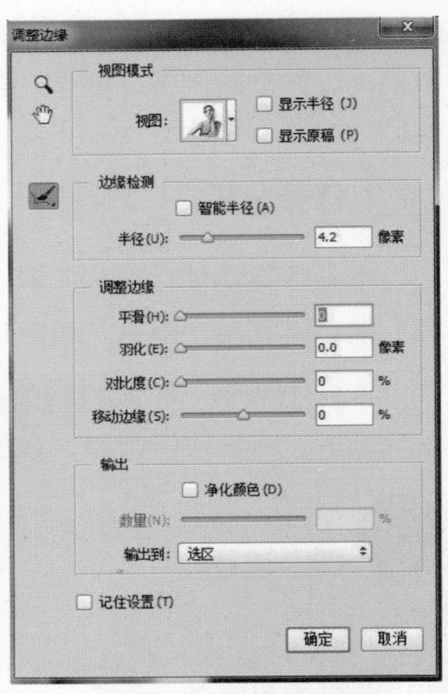

图 3-1-4 调整边缘

3. 合成图像

使用“移动工具”拖动人物选区内的图像到素材“背景图片文件”当中，自动生成图层 1，执行“编辑—自由变换”命令（快捷键“Ctrl+T”），对图案进行变形处理。调整图像到合适的位置、大小，确认即可。

4. 创建化妆品选区

使用“魔棒工具”，设置容差为“10”，勾选“连续”选项，点击口红素材文件的白色背景，再执行“选择—反选”命令，创建口红图像的选区，执行“选择—修改—羽化”命令，设置羽化半径为“5 像素”，使图像边缘柔和、淡化，如图 3-1-5 所示。

图 3-1-5　创建选区效果

图 3-1-6　合成图像效果

5. 合成化妆品广告

使用“移动工具”拖动口红图像到背景图片当中，自动生成图层 2。执行“编辑—自由变换”命令，对图案进行变形处理。调整图像到合适的位置、大小，确认即可。如图 3-1-6 所示。

6. 添加广告文字

使用横排文字工具，设置前景色为白色，选择合适的字体和字号，添加如图 3-1-7 所示的广告语。

图 3-1-7　最终效果

任务拓展

改变人物衣服颜色：

1. 打开素材图片

打开“人物”素材图片，在工具箱中单击选择“快速选择工具”，选择合适的画笔大小。

2. 创建选区

在工具箱中选择“缩放工具”，在打开的素材图片中单击，放大显示图片中的衣服部分。用“快速选择工具”沿着衣服的边缘涂抹进行选择操作，完成效果如图 3-1-8 所示。

图 3-1-8 选择衣服区域

3. 创建图层并填充衣服颜色

在图层面板中单击“创建新图层”按钮，新建“图层 1”。设置前景色为粉色，按“Alt+Backspace”组合键填充前景色。在图层面板中点击选择“图层 1”的“设置图层混合模式”下拉选单按钮，在其中选择“正片叠底”模式，图像效果如图 3-1-9 所示。

图 3-1-9 调整后效果

任务评价

表 3-1-1 评价表

评价内容	评价标准	分值	学生自评	教师评估
魔棒工具的使用	能否熟练使用魔棒工具创建选区并调整边缘	35 分		
快速选择工具的使用	能否熟练使用快速选择工具创建选区	25 分		
选区的修改、填充、图层的基本操作	能否进行选区羽化、修改、移动图像等操作以及熟练操作图层面板	25 分		
情感评价	是否具备分析问题、解决问题的能力	15 分		
学习体会				

任务二 利用套索工具抠取商品

任务目标

通过本任务的学习，掌握套索工具、多边形套索工具、磁性套索工具的基本应用，能够运用这些基本工具对图像进行编辑处理。

任务分析

本任务中，我们将通过几种不同的套索工具的应用，对所需要的图像进行选区的选取操作，然后结合移动工具，对图片素材进行合成、自由变换处理，最终制作完成电视广告。

拓展练习是使用磁性套索工具、快速选择工具抠取商品，并修改选区、反选，使用渐变工具改变商品的背景。

任务过程

1. 打开素材图片

依次打开“人物、蝴蝶、背景、电视、化妆品”等图片素材，如图 3-2-1 所示。

图 3-2-1 打开素材图片

2. 选取电视图像

将“电视”图像窗口设置为当前窗口，然后选择“魔棒工具”，设置容差为32，选择“连续”，单击选中图像背景，然后执行“选择—反向”命令，即可选择电视部分，如图3-2-2所示。

图3-2-2 选取“电视”图像

执行“编辑—拷贝”命令（快捷键“Ctrl+C”），复制选区内的图像，然后切换到已经打开的“背景”图像窗口，执行“编辑—粘贴”命令（快捷键“Ctrl+V”），将“电视”图像复制到该窗口中，并利用自由变换命令调整其大小和位置，如图3-2-3所示。

图3-2-3 将“电视”复制到背景图像中

3. 修改电视屏幕图像

在“背景”图像窗口，利用“多边形套索工具”将电视的屏幕部分制作成选区，切换到化妆品窗口，按“Ctrl+A”快捷键全选图像，按“Ctrl+C”快捷键复制图像，返回“背景”图像窗口，单击选单“编辑—粘贴”，按“Ctrl+T”快捷键自由变换图像，调整屏幕图像的大小和位置，如图3-2-4所示。

图3-2-4 修改“电视屏幕”图像

4. 选取蝴蝶图像

切换到“蝴蝶”图像窗口，选中“图层 1”，利用“套索工具”将蝴蝶图像圈选，如图 3-2-5 所示。使用“移动工具”将蝴蝶拖放到背景图像窗口，调整位置，重复使用“套索工具”和“移动工具”拖放其他蝴蝶到背景窗口，最终效果如图 3-2-6 所示。

图 3-2-5 圈选蝴蝶图像

图 3-2-6 复制并移动图像

5. 选取人物图像

将“人物”图像窗口设置为当前窗口，用“磁性套索工具”沿人物边缘点击创建人物图像的选区，使用“磁性套索工具”的过程中，可按“Delete 键”删除节点，调整绘制的选区，如图 3-2-7 所示。再用“快速选择工具”结合“从选区减去”或“添加到选区”按钮，涂抹个别区域以修改选区。

6. 移动人物图像

执行“Ctrl+C”命令复制选区内的人物图像，然后切换到背景图像窗口，执行“Ctrl+V”命令粘贴人物到背景图像中，再执行“自由变换”命令，调整人物的大小和位置，如图 3-2-8 所示。

图 3-2-7 创建人物选区

图 3-2-8 最终效果

任务拓展

改变商品图片的背景色：

（1）打开手表素材文件，使用“磁性套索工具”，沿手表图像的边缘拖动鼠标并点击，创建手表图像的选区。再使用“快速选择工具”结合“从选区减去”或“添加到选区”按钮，涂抹个别区域加以修改选区，如图 3-2-9 所示。

（2）执行“选择—修改—羽化”命令，设置羽化半径为“2 像素”，柔化边缘。执行“选择—反选”命令，选择背景区域，改变前景色为浅灰色，再选择“径向渐变工具”，填充背景区域，如图 3-2-10 所示。

图 3-2-9　创建手表选区

图 3-2-10　改变商品图片背景色

任务评价

表 3-2-1　评价表

评价内容	评价标准	分值	学生自评	教师评估
调整工具选取	是否熟悉选取调整工具的多种方式	35 分		
调整工具参数设置	能否熟练设置 Photoshop CC 中调整工具的参数	25 分		
色彩平衡的知识掌握	是否能熟练对图片颜色进行判定并调整颜色偏差	25 分		
情感评价	是否具备分析问题、解决问题的能力	15 分		
学习体会				

任务三 利用钢笔工具绘制路径抠取商品

任务目标

掌握使用钢笔工具绘制路径的方法和技巧；能使用路径工具及路径面板调整、修改、编辑路径；掌握路径与选区的转换方法，在应用实例中精确抠取商品。

任务分析

利用钢笔工具抠取图像比较适合于轮廓比较复杂、背景也比较复杂的图像。本任务中，根据素材的特点，使用钢笔工具创建路径，并利用路径选择工具选择路径的节点，调整路径的形状，并将路径转换为选区，结合选区的羽化、图像的编辑等操作制作广告。

任务过程

1. 打开素材图片

首先打开“手提包.jpg”图片。双击“背景”图层，在弹出的窗口中点击“确定”，将该图层转换成普通“图层0”，如图 3-3-1 所示。

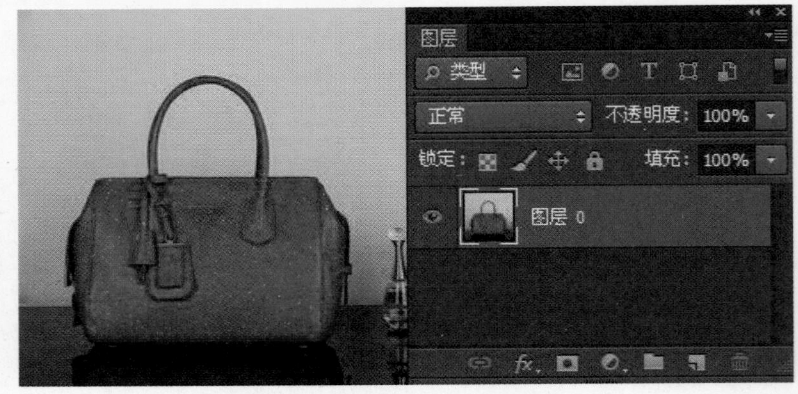

图 3-3-1 打开“手提包.jpg”

2. 放大图像

抠图前将图片放大，按住“Ctrl”和“+”组合键将图片放大到可以看清物体边缘，如图 3-3-2 所示。

3. 使用钢笔工具绘制弧线

选择“钢笔工具”，此时鼠标箭头自动切换成“钢笔”，紧贴物体边缘，点一下，出现一个锚点，然后关键的一步来了，在物体的另一位置按住鼠标左键（位置选择要使两个锚点画一条弧线就能够连接起来）拖拽，出现弧线，并伴随出现两个新的锚点，如图 3-3-3 所示。

4. 调整弧线

按“Ctrl”键，鼠标箭头变为白箭头，可调整节点的位置，让节点贴近图像边缘。将鼠标放在其中一个刚才新出现的锚点上并同时按住“Alt”键，先不要点击鼠标左键（本次抠图需要配合很多次“Alt”键），此时鼠标箭头变成尖角状，然后再拖拽锚点，直到弧线紧贴物体边缘。选择两个调整锚点之间的锚点，点击左键，你会发现少了一个锚点，如图 3-3-4 所示。

图 3-3-2 放大图像

图 3-3-3 绘制弧线

图 3-3-4 调整弧线

5. 绘制闭合路径

继续用“钢笔工具”在物体边缘的下一个位置按住鼠标左键拖拽，（按“Ctrl+Alt+Z”组合键可撤销上次操作，按空格键转换为“抓手工具”）依照上述方法不断地画弧线并去掉锚点，直到画完整个物体，最后与第一个锚点会合，如图 3-3-5 所示。

图 3-3-5 绘制闭合路径

6. 建立选区

单击鼠标右键执行“建立选区”命令，羽化半径输入“1”像素，点击“确定”，出现“蚂蚁线”，如图 3-3-6 所示。

7. 复制图像

复制（Ctrl+C），粘贴（Ctrl+V），生成“图层 1”，如图 3-3-7 所示。

图 3-3-6 建立选区

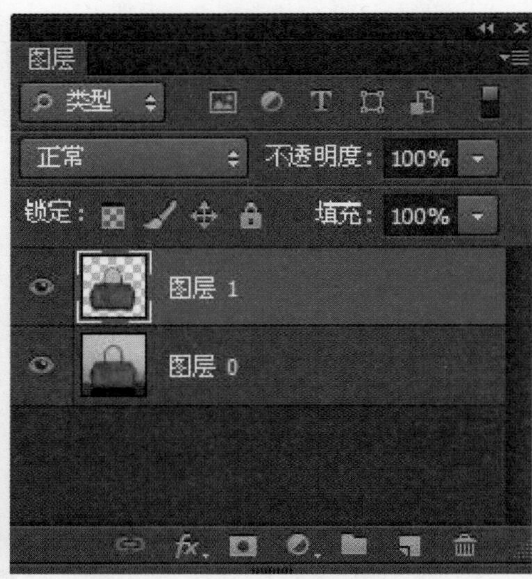

图 3-3-7 复制图像

8. 抠取商品内部

在“图层 1”上重复以上方法和步骤，绘制手提包内部路径，建立选区并羽化，按“Delete”键删除提手内部区域，取消选区，抠图完成，如图 3-3-8 所示。

图 3-3-8 抠取手提包内部

任务拓展

制作商品广告：

（1）打开素材图片“女鞋.jpg”，使用“钢笔工具”等路径工具依照上例方法绘制路径，并建立选区、羽化，抠取商品，如图 3-3-9 所示。

图 3-3-9 抠取黑色女鞋

（2）打开素材图片“运动鞋.jpg”，使用“钢笔工具”等路径工具依照上例方法绘制路径，并建立选区、羽化，抠取商品，如图 3-3-10 所示。

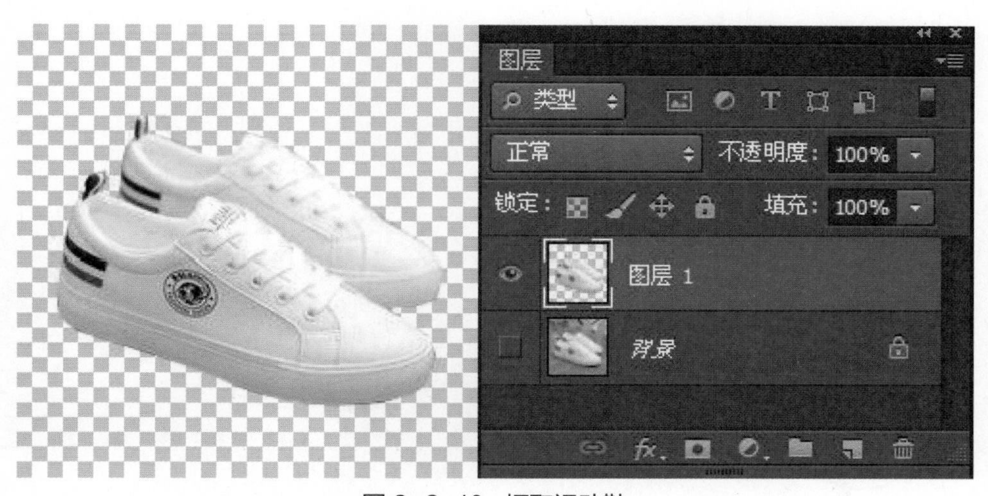

图 3-3-10 抠取运动鞋

（3）打开素材图片“人物素材.jpg”，使用“快速选择工具”建立选区，调整边缘，按“Ctrl+J”组合键复制人像，抠取人物，如图 3-3-11 所示。

图 3-3-11 抠取人物图像

（4）打开素材图片“玫瑰花.jpg”“蝴蝶.jpg”，使用“魔棒工具”选择背景，反向选择，按“Ctrl+J”组合键复制玫瑰花、蝴蝶，抠取商品，如图 3-3-12、3-3-13 所示。

（5）打开素材图片“时尚女包.jpg”，使用“钢笔工具”绘制路径，并转换为选区，抠取商品，如图 3-3-14 所示。

图 3-3-12 抠取玫瑰

图 3-3-13 抠取蝴蝶

图 3-3-14 抠取女包

（5）打开素材图片“背景.jpg”，使用“移动工具”，拖动各个抠取的商品图像，合成商品广告，如图 3-3-15 所示。

图 3-3-15 商品广告

任务评价

表 3-3-1 评价表

评价内容	评价标准	分值	学生自评	教师评估
使用钢笔工具绘制路径	是否熟悉钢笔工具的使用技巧	30 分		
路径的调整和编辑、路径与选区的转换	能否熟练使用路径工具	25 分		
制作创意广告	是否能综合应用各种抠图方法抠取商品并设计广告	30 分		
情感评价	是否具备分析问题、解决问题的能力	15 分		
学习体会				

任务四　利用通道抠取商品

任务目标

通过完成下列案例，掌握通道的编辑技巧，学会通道抠图的方法。

任务分析

通道抠图属于颜色抠图方法，利用了对象的颜色在红、黄、蓝 3 种通道中对比度不同的特点，从而在对比度大的通道中对对象进行处理。先选取对比度大的通道，再复制该通道，在其中进一步增大对比度，再用画笔、路径等工具把对象选出来。可适用于色差不大，而外形又很复杂的图像的抠图，如头发、树枝、烟花等等。本任务学习利用通道抠图的方法和技巧抠取人物的图像，合成制作广告。

任务过程

1. 查看 3 个通道色彩对比，复制通道

在 Photoshop CC 中打开素材图片，如图 3-4-1 所示，点开通道面板，选取发丝部分与背景反差最大的通道（此图当中，发丝部分与背景反差最大的通道为红色通道），鼠标左键点击红色通道选中它，将此通道拖到下方“创建新通道”按钮上，复制另一个红色通道副本，如图 3-4-2 所示。

图 3-4-1　素材图片

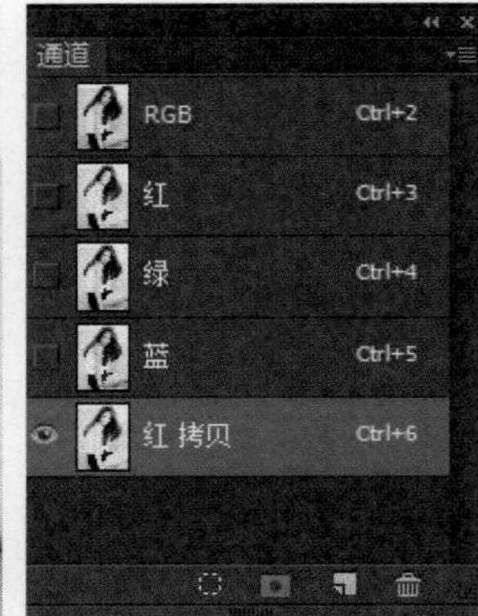

图 3-4-2　复制红色通道

2. 调整色阶

选中复制的红色拷贝通道，执行“图像—调整—色阶”命令（快捷键“Ctrl+L”），打开“色阶”对话框，不断调整色阶滑块，直到发丝的灰色部分接近黑色，然后点“确定”，此步骤的目的是使发丝部分与背景反差加大。

图 3-4-3 调整色阶

3. 调整曲线

再接着执行“图像—调整—曲线”命令（快捷键“Ctrl+M”），打开“曲线”对话框，不断调整左下方暗调控制点和右上方亮调控制点，使周围的浅色背景变为白色，发丝的中灰和灰色部分继续加深，此步骤的目的是为了加深反差和最后抠图，因为通道抠图时系统默认的是抠取白色部分。

图 3-4-4 调整曲线

4. 选取人物路径转为选区，并存储为 Alpha 通道

选中红拷贝通道，按下“Ctrl+I”组合键选取反相，这是为了将发丝部分变为白色，如图 3-4-5 所示。接下来用“钢笔工具”选取除发丝以外的人物轮廓，画好人物轮廓路径后将路径转为选区（鼠标右键点击路径，在出现的选单中选择建立选区），点击通道面板下方的“将选区存储为通道”按钮，建立一个 Alpha1 通道，如图 3-4-6，3-4-7 所示。

图 3-4-5 反相

图 3-4-6 建立人物轮廓选区

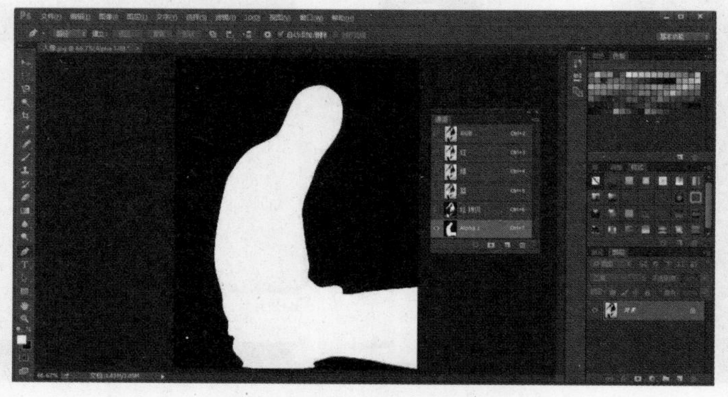

图 3-4-7 Alpha1 通道

5. 抠取人像，复制图层

再选中“红 拷贝”通道，将红拷贝通道拖到通道面板中“将通道作为选区载入”按钮上，此步建立了发丝选区，再按住“Shift”键，将 Alpha1 通道也拖到“将通道作为选区载入”按钮上，此步发丝选区与身体选区合并为完整选区，如图 3-4-8 所示，回到图层面板，选中原始图像背景，按“Ctrl+J”组合键复制人像，自动生成图层 1，成功抠图。如图 3-4-9 所示。

图 3-4-8　将通道作为选区载入

图 3-4-9　抠取人像

6. 制作化妆品广告

打开背景图片，使用“移动工具”拖动复制人像图层，放置在背景图层上，自动生成图层 1。按“Ctrl+T”组合键，执行“自由变换”命令，调整图片大小和位置，最终效果如图 3-4-10 所示。

图 3-4-10　最终广告效果

任务拓展

制作彩妆广告：

（1）在 Photoshop CC 中打开素材图片“美女 .jpg”。

（2）首先打开通道面板，分别查看红、绿、蓝 3 个通道中图片的色彩对比，其中最强的是蓝色通道，单击蓝色通道并复制得到蓝色通道副本，如图 3-4-11 所示。

图 3-4-11　复制通道

（3）在“蓝 拷贝”通道上，执行“图像—调整—色阶”命令，在弹出的对话框中的“输入色阶”选项中输入（50，0.82，255），并点击“确定”，如图 3-4-12 所示。

（4）再执行“图像—调整—曲线”命令，在弹出的对话框中调整曲线并点击“确定”，如图 3-4-13 所示。

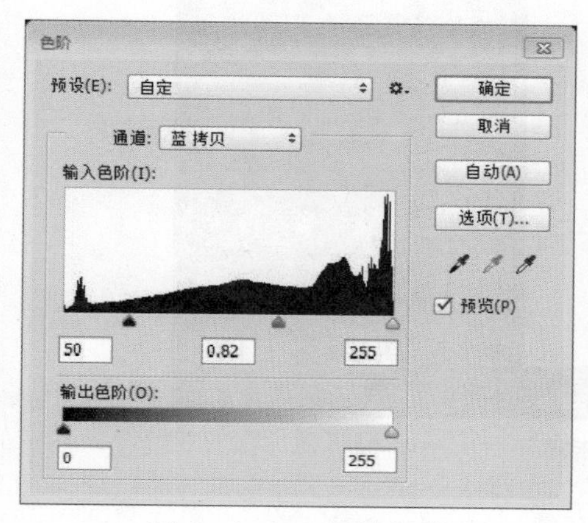

图 3-4-12　调整色阶

图 3-4-13　调整曲线

（5）单击“画笔工具”，选择不透明度为 100%，笔触大小适中，前景色设为黑色，将人像脸部和身上白色部分涂抹成黑色，如图 3-4-14 所示。

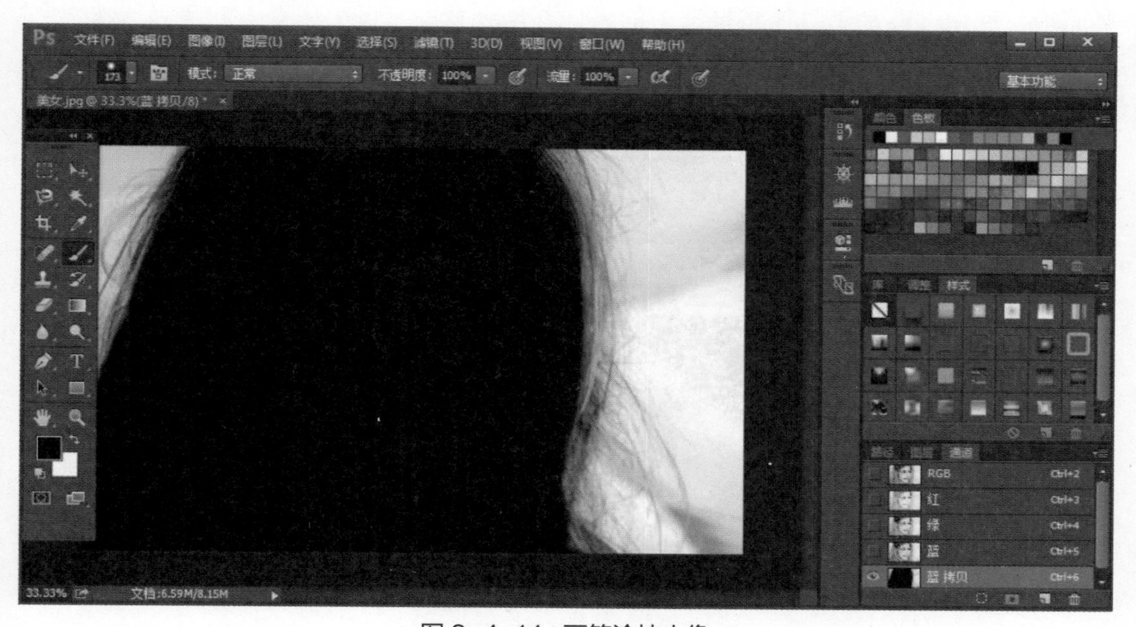

图 3-4-14　画笔涂抹人像

（6）选择“吸管工具”，吸取人像头发部分的颜色作为前景色，使用“画笔工具”，设置合适的笔触，将人物背景部分涂抹成浅灰色，如图 3-4-15 所示。

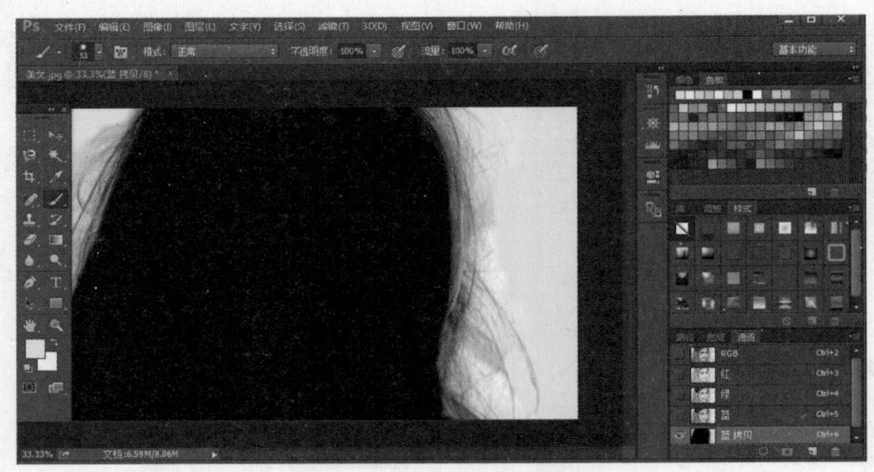

图 3-4-15　涂抹背景

（7）执行“图像—载入选区”命令，在弹出的对话框中输入新建的选区名称，并勾选“反相”选项，得到图片中人像的选区，如图 3-4-16 所示。

（8）在通道面板中删除蓝色通道副本，回到图层面板，利用“移动工具”将被选中的人像移动到背景图片中，并进行自由变换操作，得到如图 3-4-17 所示的效果。

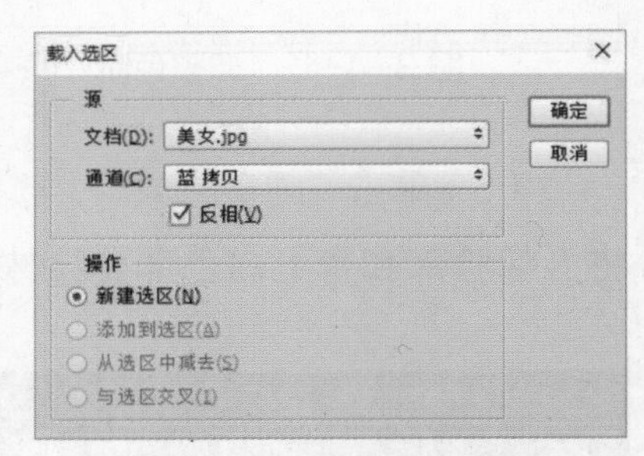

图 3-4-16　载入选区

图 3-4-17　抠取人物图像

（9）打开素材图片“口红.jpg”，使用“钢笔工具”绘制图像的路径，按“Ctrl+Enter”组合键将路径转换为选区，执行“修改—羽化”命令，设置羽化半径为“1”像素，得到如图 3-4-18 所示的效果。

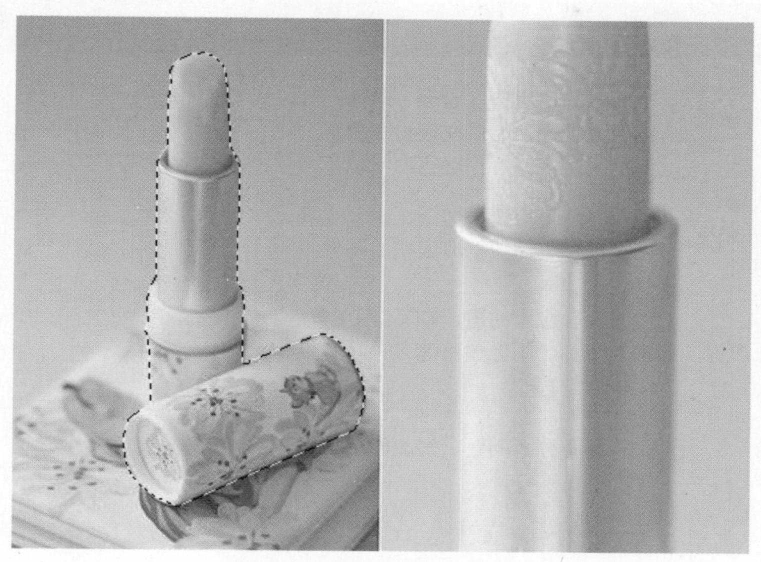

图 3-4-18　抠取口红图像

（10）将口红图像复制粘贴到背景素材中，调整图像的大小和位置，得到如图 3-4-19 所示的效果。

图 3-4-19　彩妆广告效果

任务评价

表 3-4-1 评价表

评价内容	评价标准	分值	学生自评	教师评估
利用通道抠取人像（路径工具在 Alpha 通道中的应用）	能否熟练使用选区通道、路径工具、图像调整等功能抠取人物的图像	25 分		
利用通道抠取人像（画笔工具在 Alpha 通道中的应用）	能否熟练使用选区通道、画笔工具、图像调整等功能抠取人物的图像	25 分		
设计制作彩妆广告	能否综合应用通道、选区、图层蒙版、钢笔工具、图像调整等多种功能设计制作广告	35 分		
情感评价	是否具备分析问题、解决问题的能力	15 分		
学习体会				

任务五 利用图层混合模式抠取商品

任务目标

知道 6 类图层混合模式的基本功能，深刻明白和理解用图层混合模式抠取商品的思路和原理，针对不同的素材能使用不同的图层混合模式完美抠选凌乱复杂的图像。

任务分析

图层混合模式一般是将当前图层的图像（混合色）与下一图层的图像（基色）用某种方式合成，产生所需的效果（结果色）。图层混合模式在调色和图像合成方面应用非常广泛，在抠图方法中也有应用。本任务通过 3 个实例讲述了对于不同的图像素材，使用图层混合模式结合图层蒙版、通道面板、图层的基本操作等功能抠取复杂的图像的技巧和方法。

任务过程

1. 利用图层混合模式抠取人像头发

（1）在 Photoshop CC 里面打开图片“长发美女 .jpg”和“玫瑰 .jpg”，如图 3-5-1，3-5-2 所示。

图 3-5-1 长发美女

图 3-5-2 玫瑰

（2）复制图像和图层。使用“移动工具”，将“玫瑰 .jpg”图像复制到“长发美女 .jpg”中，生成图层 1，按“Ctrl+T”组合键执行“自由变换”命令，调整图片的高度与背景一致。然后将“长发美女 .jpg”的背景图层复制（Ctrl+J）一个新图层并放置到玫瑰照片的上方，如图 3-5-3 所示。

（3）新建图层。选择“背景 拷贝”图层，点击图层面板上“创建新图层”按钮，创建一个空白图层 2，如图 3-5-4 所示。

（4）吸取并填充颜色。使用“吸管工具”单击美女图像背景中颜色较暗的区域，将该处的颜色设置为前景色，然后选择“图层 2”并按“Alt+Delete”组合键，这样就将吸取的颜色填充到“图层 2”中，如图 3-5-5 所示。

图 3-5-3 复制图像

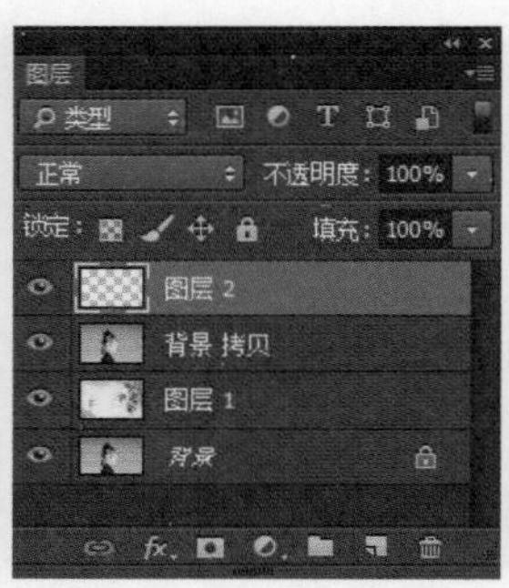

图 3-5-4 新建图层

图 3-5-5 吸取并填充颜色

（5）图层反相。选择“图层 2”并按“Ctrl+I”组合键将图层反相，如图 3-5-6 所示。

（6）添加颜色减淡混合模式。将“图层 2”的混合模式由“正常”改为“颜色减淡”，此时的美女图像背景就变成了白色，如图 3-5-7 所示。

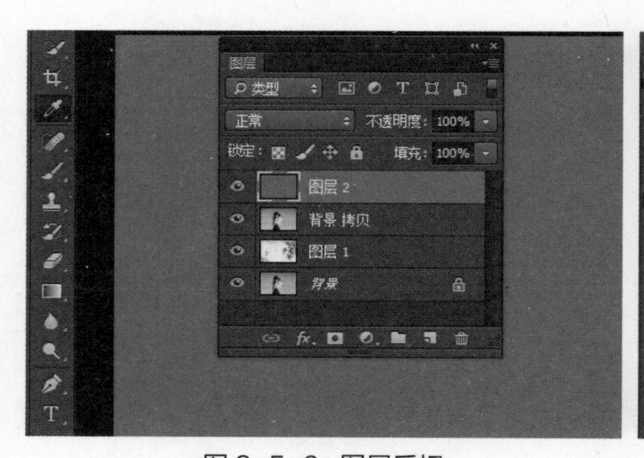

图 3-5-6 图层反相

图 3-5-7 改变图层混合模式

（7）合并图层。选择“图层 2”并按“Ctrl+E”组合键执行“向下合并”命令，将该图层合并到“背景 拷贝”图层中。

（8）添加正片叠底混合模式。将“背景 拷贝”图层的混合模式由“正常”改为“正片叠底”，由于该模式具有“留黑不留白”的特点，所以白色背景消失，留下了棕黑色的头发，如图 3-5-8 所示。

图 3-5-8　合并图层并添加正片叠底混合模式

（9）复制图层。复制背景图层，程序自动将其命名为“背景 拷贝 2”，将该图层移动到图层面板最顶层的位置。

（10）添加黑色的图层蒙版。选择“背景 拷贝 2”，按住“Alt”键单击图层面板下方的“添加蒙版”按钮，这样就给该图层添加了一个黑色的图层蒙版，如图 3-5-9 所示。

图 3-5-9　添加黑色的图层蒙版

（11）调整图像位置。按“Ctrl”键选择“背景 拷贝”和“背景 拷贝 2”两个图层，链接图层，使用“移动工具”向左调整美女图像，然后取消图层链接，如图 3-5-10 所示。

图 3-5-10 链接图层并调整图像位置

（12）编辑图层蒙版。使用画笔工具在图层蒙版上涂抹白色，直至显示出美女为止，如图 3-5-11 所示是编辑后的图层蒙版，图 3-5-12 所示是退出蒙版状态后的最终抠图合成效果。

图 3-5-11 编辑蒙版

图 3-5-12 最终抠图合成效果

2. 利用图层混合模式抠取漂亮金发

（1）打开素材图片“金发美女 .jpg”，如图 3-5-13 所示。

（2）复制图像。新建“图层 1”，用黄色到白色的径向渐变填充，作为抠图的背景。将“金发美女 .jpg”的背景图层复制一个新图层并放置到渐变图层的上方，如图 3-5-14 所示。

（3）新建图层。选择“背景副本”图层，按“Alt+Ctrl+Shift+N”组合键创建一个新的空白图层，如图 3-5-15 所示。

图 3-5-13 金发美女

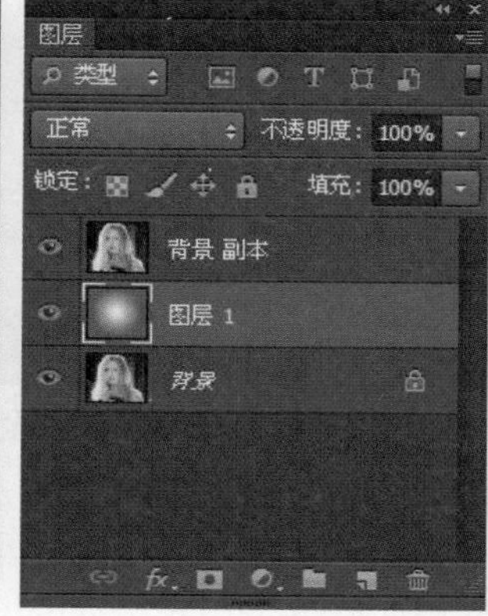

图 3-5-14 复制图像

图 3-5-15 新建图层

（4）使用“吸管工具”吸取背景色并填充图层。使用吸管工具单击美女图像背景中颜色较浅的茶色区域，将该处的颜色设置为前景色，然后选择“图层 2”并按“Alt+Delete”组合键，这样就将吸取的颜色填充到了“图层 2”中，如图 3-5-16 所示。

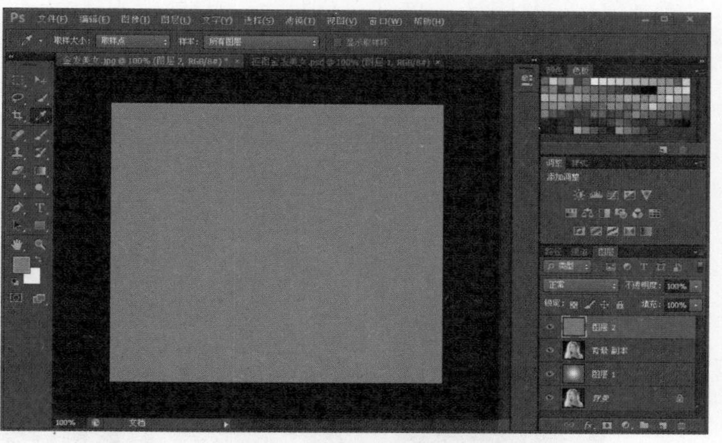

图 3-5-16 使用吸管吸取背景色并填充图层

提示： 请你仔细观察该图像的背景，不难发现背景的颜色并非单一色，而是深浅不一的褐色，为了执行“颜色加深”模式后将背景变黑，所以我们选择较浅的茶色作为填充色，如果较浅的颜色执行了“颜色加深”模式后变黑，那么，较深的褐色就不在话下了。

（5）图层反相。选择“图层 2”并按“Ctrl+I”组合键将图层反相，如图 3-5-17 所示。

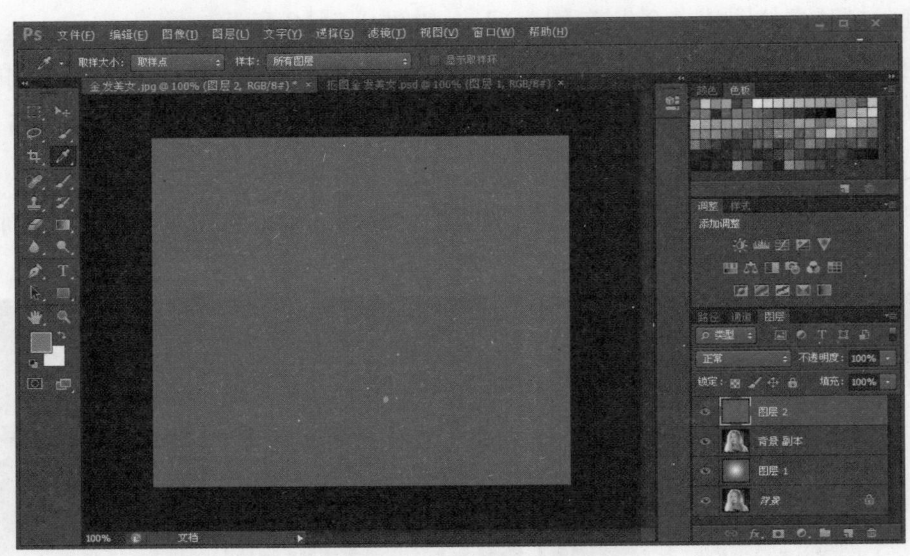

图 3-5-17　图层反相

（6）添加颜色加深混合模式。将“图层 2”的混合模式由“正常”改为“颜色加深”，此时的美女图像背景就变成了黑色，如图 3-5-18 所示。

（7）合并图层。选择“图层 2”并按“Ctrl+E”组合键执行“向下合并”命令，将该图层合并到“背景副本”图层中。

图 3-5-18　添加颜色加深混合模式

（8）添加滤色混合模式。将“背景　副本”图层的混合模式由“正常”改为“滤色”，由于该模式具有“留白不留黑”的特点，所以黑色背景消失，留下了白色的头发，如图 3-5-19 所示。

图 3-5-19　添加滤色混合模式

提示： 如果添加“滤色”混合模式后，背景仍然有一部分没有变成透明，则可以重复步骤（4）至步骤（8），直至背景变成透明为止。

（9）复制背景图层，程序自动将其命名为“背景　副本 2”，将该层移动到图层面板最顶层的位置。

（10）添加黑色的图层蒙版。选择“背景　副本 2”，按“Alt”键单击图层面板下方的添加蒙版按钮，这样就给该图层添加了一个黑色的图层蒙版，如图 3-5-20 所示。

图 3-5-20　添加黑色图层蒙版

（11）编辑图层蒙版。使用“画笔工具”在图层蒙版上涂抹白色，直至显示出美女为止，如图 3-5-21 所示。

图 3-5-21 最终抠图合成效果

3. 利用图层混合模式抠取婚纱

图 3-5-22 婚纱图

图 3-5-23 背景图

（1）打开婚纱图片，如图 3-5-22 所示，进入通道面板，复制红色通道。

（2）调整红色副本通道色阶，增加高光，使白的更白，便于使用“快速选择工具”

选取人像，如图 3-5-24 所示。

图 3-5-24 调整红副本通道色阶

（3）结合快速选择工具勾出如图 3-5-25 所示选区，把选区羽化 1 个像素，填充白色，如图 3-5-26 所示。

图 3-5-25 勾出选区

图 3-5-26 填充白色

（4）单击复合通道，按“Ctrl+C”组合键复制。

（5）回到图层面板，按“Ctrl+V”粘贴。为了便于观察，单击背景图层前的眼睛标记，隐藏背景层，如图 3-5-27 所示。

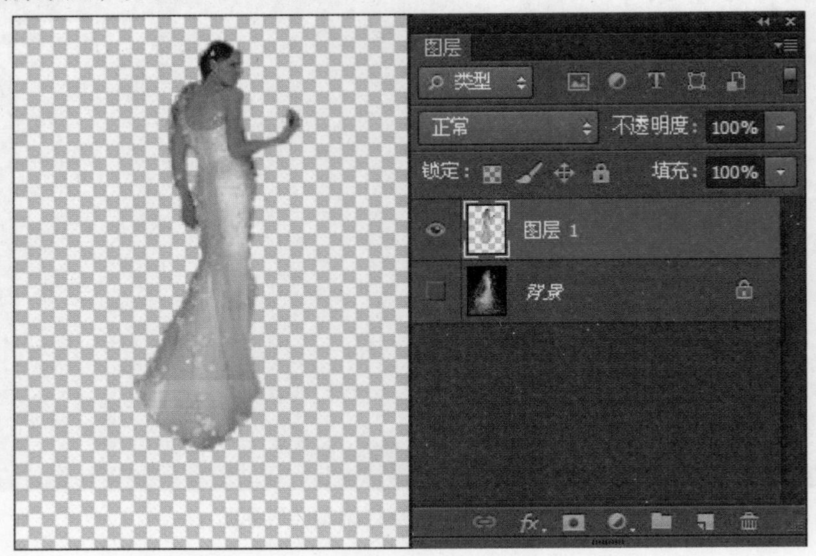

图 3-5-27　使用通道抠取图像并复制图层

（6）双击背景层，使其变为普通层，即“图层 0”，拖入用来替换婚纱背景的图像，即“图层 2”，按“Ctrl+T”组合键执行“自由变换”命令，调整背景草地图像的大小，如图 3-5-28 所示。

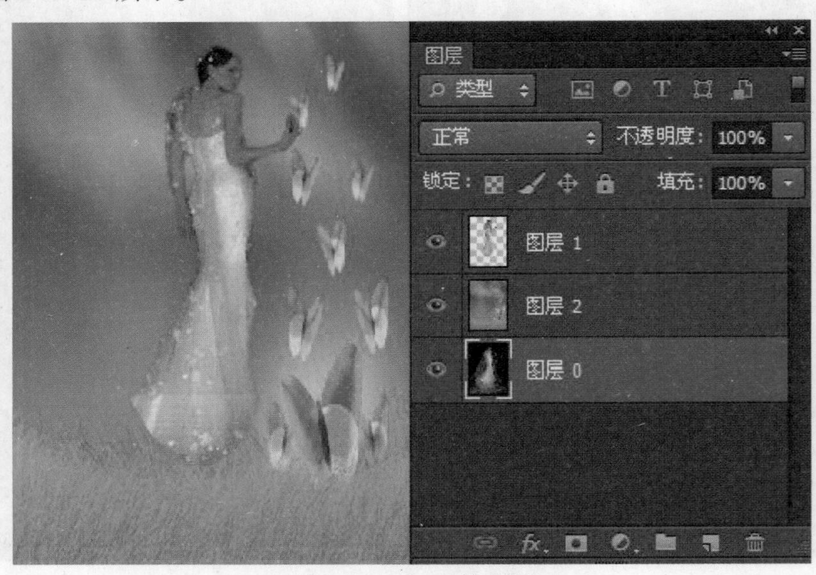

图 3-5-28　替换背景

（7）将“图层 2”放于底层，“图层 0”放于中间，选中“图层 0”，把混合模式改为“滤色”，效果如图 3-5-29 所示。

图 3-5-29 滤色模式抠取婚纱

（8）选中“图层 1”，使用“橡皮擦工具”，选用合适的画笔大小，设置不透明度和流量参数，沿着人物边缘涂抹，效果如图 3-5-30 所示。

图 3-5-30 最终效果

任务评价

表 3-5-1 评价表

评价内容	评价标准	分值	学生自评	教师评估
图层混合模式抠取人像头发	能否熟练使用图层混合模式和图层各功能抠取人像	30 分		
图层混合模式抠取漂亮金发	能否熟练使用图层混合模式和图层各功能抠取人像	30 分		
图层混合模式抠取婚纱	能否熟练使用图层混合模式和通道功能抠取婚纱	25 分		
情感评价	是否具备分析问题、解决问题的能力	15 分		
学习体会				

任务六　利用快速蒙版、图层蒙版抠取商品

任务目标

通过完成下列任务，掌握快速蒙版和图层蒙版的功能及使用技巧，采用不同的方法抠取商品。

任务分析

第 1 个案例，详细介绍了使用快速蒙版和调整边缘抠取人像头发丝的技巧和步骤。第 2 个案例，详细介绍了使用图层蒙版结合图像调整、去色、画笔、图层混合模式等多种工具抠取人像的方法和技巧。

任务过程

1. 使用快速蒙版抠取人像

（1）打开素材图片，首先点击“快速蒙版”。然后按“B”键对着图片单击右键选择笔头（画笔选择不透明度：100%，流量：100%），如图 3-6-1 所示。

图 3-6-1　打开图片进入快速蒙版界面

（2）然后如图 3-6-2 所示一样涂抹人像。

图 3-6-2 涂抹人像

（3）画完后再点击一下“快速蒙版”按钮就会出现选区。然后按“Ctrl+Shift+I”组合键反选，再按快捷键“M”（M 是“选框工具”，当然也可以按“L”）。然后按鼠标右键，在弹出的选单中选择“调整边缘”，如图 3-6-3 所示。

图 3-6-3 反选及调整边缘

（4）设置如下：视图选择“黑底”，输出到选择“新建带有图层蒙版的图层”。然后点击“记住设置”，如图 3-6-4 所示。

图 3-6-4　设置“调整边缘”的参数

（5）然后点击红框内的按钮，鼠标就会变成像画笔一样，这个叫“调整半径工具”，如图 3-6-5 所示。

（6）用“调整半径工具”在头发根背景的地方慢慢涂抹，头发就一点一点地抠下来了，如图 3-6-6 所示。

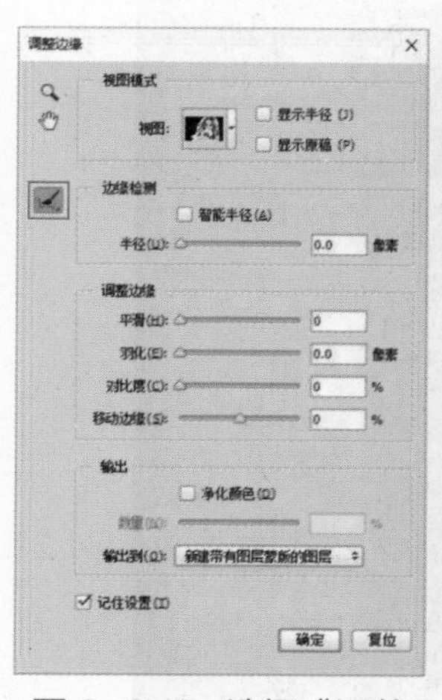

图 3-6-5　选择“调整半径工具”

图 3-6-6　抠取人像头发

（7）点击“确定”退出“调整边缘”对话框，自动生成“背景 拷贝”图层，如图3-6-7所示。

图 3-6-7 退出“调整边缘”对话框

（8）打开背景，执行“窗口—排列—使所有内容在窗口中浮动”命令，使用“移动工具”，拖动人像图层到背景窗口上，执行“自由变换”命令，调整人像的大小和位置。

（9）选择“背景 拷贝”图层为当前图层，点击“图层蒙版”，使用画笔工具，在图层蒙版上涂抹以修改人像边缘，如图 3-6-8 所示。

图 3-6-8 调整修饰人像边缘

（10）打开香水图片，使用“魔棒工具”，选择白色背景，执行“选择—反选”命令，选择香水图像，如图 3-6-9 所示。使用移动工具，拖放到背景窗口上，调整香水图像位置和大小，合成“香水广告”，效果如图 3-6-10 所示。

图 3-6-9　抠取香水图像

图 3-6-10　合成香水广告

2. 使用图层蒙版抠取人物图像

（1）在 Photoshop CC 中打开素材图片。

（2）接着按“Ctrl+J”组合键，复制生成 2 个图层，如图 3-6-12 所示。

图 3-6-11　打开素材图片

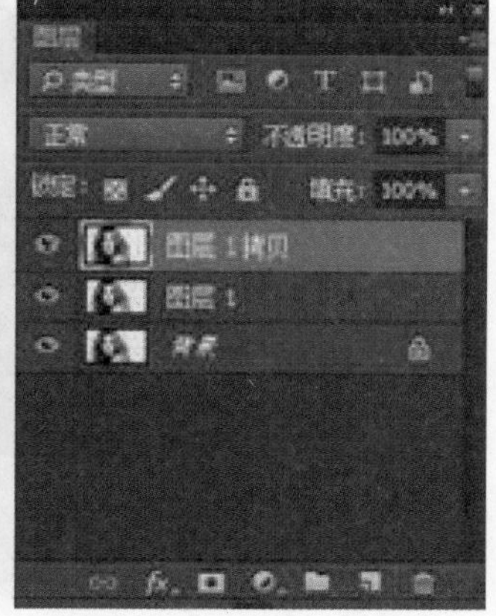

图 3-6-12　复制图层

（3）在 Photoshop CC 中打开背景图“满天星 .jpg”，然后点击“移动工具”，将其拉到要处理的图层中，生成图层 2，按“Ctrl+T”组合键执行“自由变换”命令，放到图层 1 下面，如图 3-6-13 所示。

图 3-6-13　移入背景图片

（4）将“图层 1 拷贝”前的眼睛图标点掉，选择图层 1，执行“图像—调整—去色”（快捷键“Shif+Ctrl+U”）命令，如图 3-6-14 所示。

图 3-6-14　去色

（5）接着执行“图像—调整—色阶”命令，选择高光吸管，选取头发周边的颜色，然后点击“确定”，将图层 1 的图层样式选为“正片叠底”，如图 3-6-15 所示。

图 3-6-15 色阶

（6）调整“图层 1”的“色相 / 饱和度”，勾选“着色”选项，调整图像头发颜色为金黄色；选择“图层 1 拷贝”，点上“眼睛”，按住“Alt”键，点图层蒙版，如图 3-6-16 所示。

图 3-6-16 添加图层蒙版

（7）背景色选择白色，用合适的画笔，在蒙版上画出人像的轮廓，如图 3-6-17 所示。如果画笔擦拭过度，可选择黑色画笔擦拭回来。

图 3-6-17 在蒙版上画人像轮廓

（8）用画笔反复擦拭（可结合缩放工具使用），最终效果如图 3-6-18 所示。

图 3-6-18 最终效果

任务拓展

要求：在网上搜索一些素材图片，依照上面实例的方法和步骤抠取商品，掌握快速蒙版和图层蒙版的应用技巧，熟练应用 Photoshop CC 的各种基本操作和各种图像处理工具制作广告图片。

任务评价

表 3-6-1 评价表

评价内容	评价标准	分值	学生自评	教师评估
使用快速蒙版抠取人像	能否熟悉使用快速蒙版抠取人像的方法	30 分		
使用图层蒙版抠取人像	能否熟悉使用图层蒙版抠取人像的方法	30 分		
综合应用画笔、混合模式、调整边缘、色阶等多种工具的能力	能否设计制作出美观的商品广告	25 分		
情感评价	是否具备分析问题、解决问题的能力	15 分		
学习体会				

项目四

网店配色及商品调色处理

网店想要有销量，就需要一个好的视觉效果以吸引顾客，于是装修就显得十分重要。网店装修中，色彩的搭配对于整个装修是至关重要的，优秀的店铺设计，颜色搭配占70%，剩余的30%就是排版、图形处理、文字设计等。通过本项目的学习能够对装修网店的色彩配色及商品调色有一个初步的认识。

知识目标

（1）掌握色彩基础知识。

（2）掌握网店配色方法。

能力目标

（1）能独立进行网店配色。

（2）能独立使用色相/饱和度更换商品的颜色。

（3）能独立使用色阶改变曝光不足的商品图片。

（4）能独立使用通道混合器调整商品色调。

情感目标

（1）培养学生分析问题、解决问题的能力。

（2）培养学生的审美能力，使学生能优秀地完成网店配色及商品调色处理。

任务一 认识网店色彩

任务目标

知道网店色彩确定的方法和步骤，能够迅速掌握网店装修配色技巧。

任务分析

本任务要理解网店色彩在整个网店装修中的地位，熟悉网店色彩确定的方法和步骤，从而具备独立确定网店装修配色的能力。

任务过程

色彩是网店装修的一个核心。一个店铺首先映入眼帘的就是色彩的表现。要做好网店装修，网店色彩的恰当使用非常关键。

1. 根据网店风格以及产品本身的诉求确定主色调

色彩有心理暗示的作用，很多行业都有其行业色，很多品牌都有其品牌色，网店主色调不是随意选择的，首先需要通过工具分析自己产品受众人群的心理特征，找到这部分群体易于接受的色彩，而且色彩确定之后要延续下去。

简单的方法就是设计出网店装修的大概轮廓之后，让大家都加入谈论，如果80%以上通过，就说明主色调选择比较恰当；反之，就需要重新进行设计处理。当然，在后期的运营过程中，如果感觉开始的定位不是很正确，可以适当做一些调整。

以下是近年来几种网店热选主色：

黑白——超级经典的两款颜色，很多大牌网店装修都会采用这两种颜色作为主色调，凸显高端大气。

蓝色——比较清爽的颜色，多与白、橙搭配，蓝为主调。白底，蓝标题栏，橙色按钮或图标做点缀，蓝天白云，给人沉静整洁的感觉。特别适合夏季产品使用，一般旅行用品、男女服装网店比较适合蓝色作为主色调。

绿色——多与白、蓝两色搭配，绿为主调。白底，绿标题栏，蓝色或橙色按钮或图标做点缀，绿白相间，雅致而有生气，非常具有亲近自然的感觉，一般食品、化妆品网店比较适合绿色作为主色调。

橙色——活泼的代表颜色，多与白、红搭配，橙为主调。白底，橙标题栏，暗红或橘红色按钮或图标做点缀，橙色活泼热情，标准的商业色调，当然橙色也是温馨的象征，一些大牌企业也会用橙色装修拉近与顾客之间的距离。

暗红——这个颜色表达出凝重、严肃、高贵的感觉，需要配黑和灰来压制刺激的红色，常以暗红为主调。黑或灰底，暗红标题栏，文字内容背景为浅灰色。

2. 找到与主色调呼应的配色

网店配色很重要，网店颜色搭配是否合理会直接影响访问者的情绪。好的色彩搭配会给访问者带来很强的视觉冲击力，不恰当的色彩搭配则会让访问者浮躁不安。

目前市面上非常科学的找配色的方法，就是取亮度值的黄金分割点。亮度值的范围是 0 ~ 255，黄金分割点的比例值是 0.618，亮度值的黄金分割点就是 $255 \times 0.618 \approx 158$。

简单地说就是主色调和配色最好采用同一色系的颜色，这样出来的效果看上去会更加和谐，例如，采用淡蓝色、淡黄色、淡绿色这样搭配出来的效果才是吸引顾客眼球的配色。

同一色系的配色要领是，只要保证亮度不变，色相可以任意调节，这样就可以调出同一种感觉的色彩了。

3. 快速掌握网店装修配色的技巧

（1）参考网店大卖家的网店配色风格。一般淘宝网店大卖家都聘请了专业的设计师，设计出来的装修模板自然是无可挑剔的，我们可以多找几家淘宝优秀店铺进行借鉴，但是不是照抄，而是把优点整合成自己的，这样最高效快捷，而且还出成果，能学到很多东西。

（2）上设计论坛，找参考资料。我们也可以在一些热门的网店装修在线平台去取经，当然还可以在网上找一些参考资料，快速地对网店装修进行配色，打造出顾客喜欢的淘宝店铺。

（3）网店色彩禁忌。尽管三原色的相互搭配可创造出无数颜色，可不是所有的颜色都适用于网店设计，不同的颜色在搭配上也有着其中的学问。

在网店设计中对于色彩的使用特别忌讳脏、纯、跳、花、粉这几种情形：

①忌脏是指背景与文字内容对比不强烈，灰暗的背景令人沮丧；

②忌纯是指艳丽的纯色对人的刺激太强烈，缺乏内涵；

③忌跳是指再好看的颜色，也不能脱离整体；

④忌花是指要有一种主色贯穿其中，主色并不是面积最大的颜色，而是最重要，最能揭示和反映主题的颜色；

⑤忌粉是指颜色浅固然显得干净，但如果对比过弱，就显得苍白无力。

（4）不要“为设计而设计”。再炫酷的页面效果、再丰富的表现形式，如果偏离了以客户为中心的主线，让客户抓不住重点，感悟不到网店本身所需要体现的信息，那么，再好的色彩呈现也是败笔。

任务拓展

要求：登录淘宝网仔细观察 1 ~ 2 个店铺的网店色彩运用，独立提取色彩制作搭配色卡。

任务评价

表 4-1-1 评价表

评价内容	评价标准	分值	学生自评	教师评估
确定主色调	是否熟悉主色调的确定方法	35 分		
找到与主色调呼应的配色	是否能根据确定的主色调找到与之呼应的配色	25 分		
网店色彩运用禁忌	能否在网店色彩运用中注意网店色彩搭配的禁忌	25 分		
情感评价	是否具备分析问题、解决问题的能力	15 分		
学习体会				

任务二 认识色彩原理

任务目标

知道色彩原理，并合理运用色彩原理进行配色。

任务分析

本任务要求通过学习色彩产生的基本原理、基本属性等一般性常识，从而具备熟练掌握运用色彩的基本方法与技巧的能力。

任务过程

色彩是网店设计极为重要的视觉语言之一。认识色彩是掌握网店配色的重要途径。我们见到的颜色，如苹果的红色、天空的蓝色、草的绿色，其实都是在一定条件下才出现的色彩。这些条件，主要可归纳为 3 项，就是光线、物体反射和眼睛。光和色是并存的，没有光，就没有颜色，可以说，色彩就是光线到我们眼内产生的知觉。

1.RGB 三原色原理

在中学的物理课中我们可能做过棱镜的实验，白光通过棱镜后被分解成多种颜色逐渐过渡的色谱，颜色依次为红、橙、黄、绿、蓝、靛、紫，这就是可见光谱，如图 4-2-1 所示。

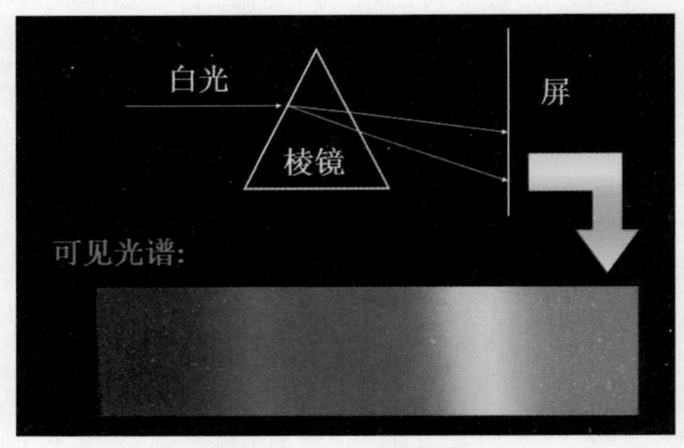

图 4-2-1 可见光谱

其中人眼对红、绿、蓝三色最为敏感，人的眼睛就像一个三色接收器的体系。大多数的颜色可以通过红、绿、蓝三色按照不同的比例合成产生，同样绝大多数单色光也可以分解成红、绿、蓝三种色光，这是色度学的最基本原理，即三原色原理。三种原色是相互独立的，任何一种原色都不能由其他两种颜色合成。红、绿、蓝是三原色，这三种颜色合成的颜色范围最为广泛，如图 4-2-2 所示。

图 4-2-2　三原色

红、绿、蓝三原色按照不同的比例相加合成混色称为相加混色，如图 4-2-3 所示。

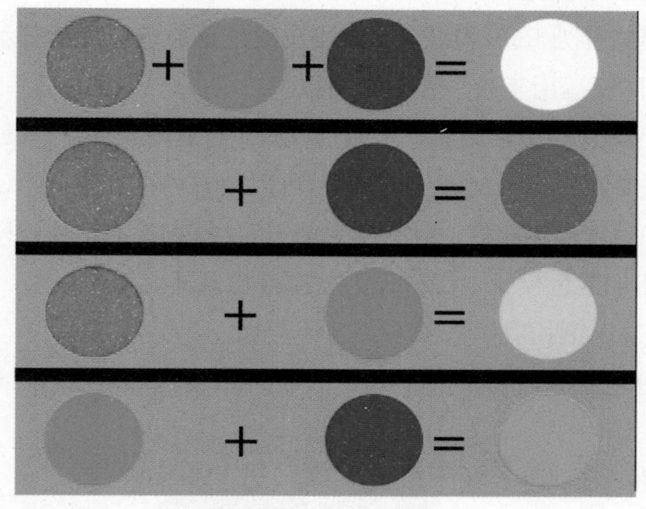

图 4-2-3　相加混色

红色 + 绿色 + 蓝色 = 白色

红色 + 蓝色 = 品红

红色 + 绿色 = 黄色

绿色 + 蓝色 = 青色

品红、黄色、青色都是由两种原色相混合而成，所以它们又称相加二次色。另外：

红色 + 青色 = 白色

绿色 + 品红 = 白色

蓝色 + 黄色 = 白色

所以青色、黄色、品红分别又是红色、蓝色、绿色的补色。

除了相加混色法之外还有相减混色法。由于颜料吸收了红色和蓝色，而反射了绿色，因而对于颜料的混合我们还可以表示为如图 4-2-4 所示。

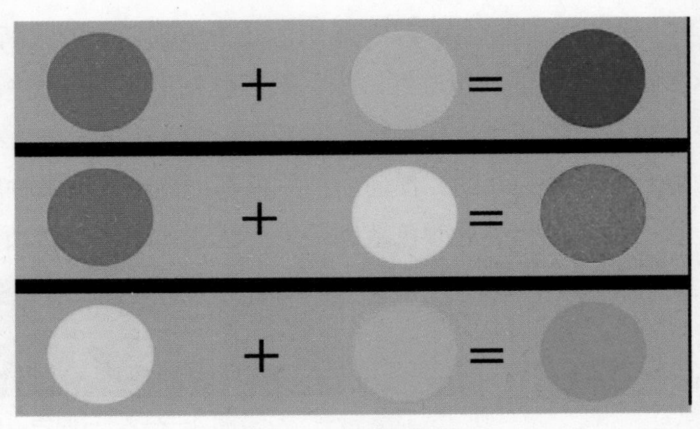

图 4-2-4 相减混色

颜料 (品红 + 青色)= 蓝色

颜料 (品红 + 黄色)= 红色

颜料 (黄色 + 青色)= 绿色

以上的都是相减混色，相减混色就是因吸收三原色比例不同而形成的不同的颜色。用以上的相加混色三原色原理所表示的颜色模式称为 RGB 模式，而用相减混色三原色原理所表示的颜色模式称为 CMYK 模式，它们广泛运用于绘画和印刷领域。

RGB 模式是绘图软件最常用的一种颜色模式，在这种模式下，处理图像比较方便，而且，RGB 存储的图像要比 CMYK 图像小，可以节省内存和空间。CMYK 模式是一种颜料模式，所以它属于印刷模式，但本质上与 RGB 模式没有区别，只是产生颜色的方式不同，RGB 为相加混色模式，CMYK 为相减混色模式。

2.HLS(色相、明度、饱和度) 原理

HLS 是指 Hue(色相)、Luminance(明度)、Saturation(饱和度)。Photoshop 中对应属性，如图 4-2-5 所示。

色相是颜色的一种属性，它实质上是色彩的基本颜色，是一种色彩区别于另一种色彩的最主要的因素。即我们经常讲的红、橙、黄、绿、蓝、靛、紫 7 种，每一种代表一种色相。色相的调整也就是改变它的颜色。同一色相的色彩，调整一下明度或者饱和度很容易搭配。

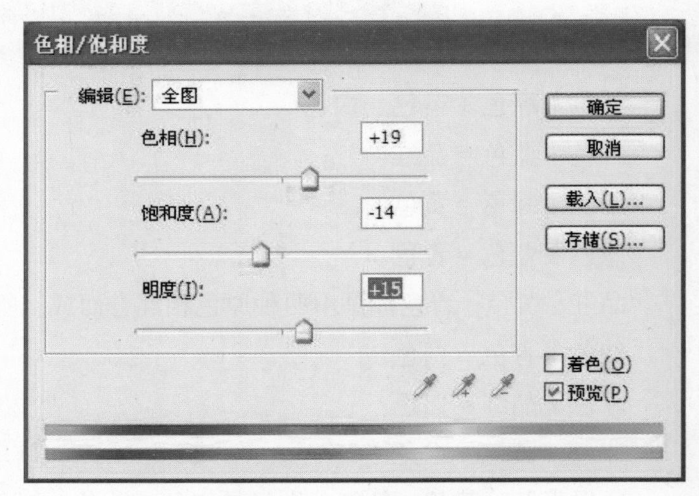

图 4-2-5 色相 / 饱和度

明度也叫亮度，指的是

色彩的明暗程度，亮度调整也就是明暗度的调整。亮度范围从 0 到 255，共分为 256 个等级。而我们通常讲的灰度图像，就是在纯白色和纯黑色之间划分了 256 个级别的亮度，也就是从白到灰，再转黑。同理，在 RGB 模式中则代表三原色的明暗度，即红、绿、蓝三原色的明暗度，从浅到深。明度越大，色彩越亮，比如一些购物、儿童类网站，用的是一些鲜亮的颜色，让人感觉绚丽多姿，生气勃勃；明度越低，颜色越暗，主要用于一些游戏类网站，充满神秘感。明度差的色彩更容易调和。

饱和度也叫纯度，指色彩的鲜艳程度，纯度高的色彩纯、鲜亮；纯度低的色彩暗淡、含灰色。调整饱和度就是调整图像的彩度。

任务拓展

要求：根据色彩原理，独立绘制 24 色相环。

任务评价

表 4-2-1 评价表

评价内容	评价标准	分值	学生自评	教师评估
三原色相加混色法运用	是否熟悉三原色相加混色法的运用	35 分		
三原色相减混色法运用	是否熟悉三原色相减混色法的运用	25 分		
HLS 原理	是否掌握 HLS 在实际训练中的运用	25 分		
情感评价	是否具备分析问题、解决问题的能力	15 分		
学习体会				

任务三 认识网店配色

任务目标

知道网店配色的方法，能够独立确定网店的配色。

任务分析

本任务要理解网店色彩在整个网店装修中的地位，熟悉网店配色的方法，从而具备独立确定网店配色的能力。

任务过程

一家网店的成功包含多方面的因素，而网店的装修、色彩的应用，这是比较重要的一环。即使是个人的网店，如果装修得当，同样能给人大店铺的感觉，让顾客看得舒心。网店配色一是可以通过色彩的色相、明度、饱和度等来控制视觉刺激，达到配色的效果；另一种是通过心理层面的感观传达，间接性地改变颜色，从而达到配色的效果。

1. 了解网店配色比例

在网店配色中有一个黄金比例，是 70 ∶ 25 ∶ 5，意为其中的 70% 为大面积使用的主色，25% 为辅助色，5% 为点缀色，如图 4-3-1 所示。一般情况下建议画面色彩不超过 3 种，3 种是指的 3 种色相，比如深红和暗红可以视为一种色相。一般而言，颜色用得越少画面越简洁，越容易控制画面。多些颜色可以使画面显得很活跃，但是颜色越多越要严格按照配色比例来分配颜色，不然会使画面非常混乱，难以控制。

图 4-3-1 网店配色比例

2. 了解色彩的关系

配色就是不同色相之间相互呼应、相互调和的过程，色彩之间的关系取决于在色相环上的位置，色相和色相之间的角度越小，则对比越弱，角度越大则对比越强烈。如图 4-3-2 所示。

在网店配色中，所有的颜色都可以根据这 6 种基础色相来调配。下面介绍我们最常见的 3 种配色方式。

（1）相邻色搭配。在色相环中紧挨着的就是相邻色，根据红橙黄绿蓝紫这 6 字顺序，相邻色搭配就是红 + 橙，橙 + 黄 , 黄 + 绿，绿 + 蓝……以此类推。如图 4-3-3 所示。

相邻色因为比较邻近，有很强的关联性，非常协调柔和，使画面非常和谐统一，可以制造出一种柔和温馨的感觉，但这种搭配视觉冲击力较弱。

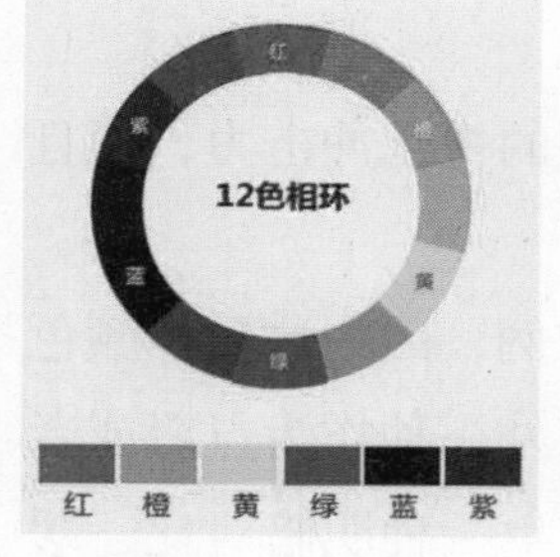

图 4-3-2 色相环

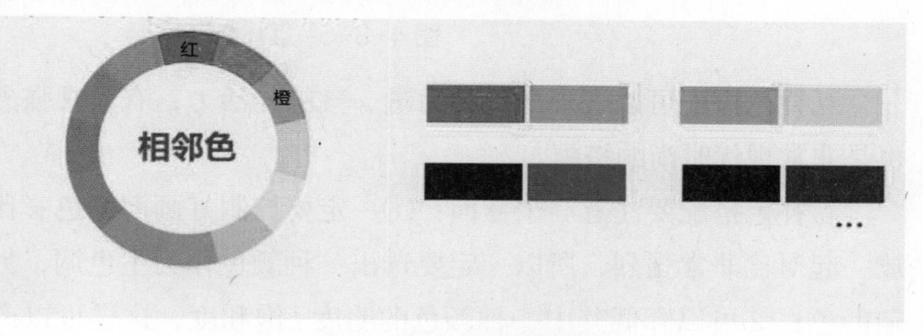

图 4-3-3 相邻色搭配

（2）间隔色搭配。根据红橙黄绿蓝紫这 6 字顺序，间隔色搭配就是红 + 黄 ，橙 + 绿 ，黄 + 蓝 ，绿 + 紫 ， 蓝 + 红。因为这种搭配方式中间都隔了一个颜色搭配，因此称为间隔色搭配。如图 4-3-4 所示。

间隔色相比于相邻色，两色之间在色相环上相隔远一些，因此视觉冲击力会强于相邻色，而且间隔色使用非常广泛，它既没有互补色那么强烈的冲击力，又比相邻色

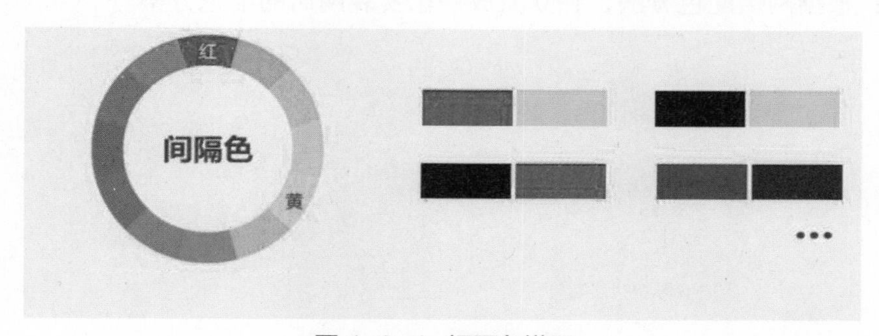

图 4-3-4 间隔色搭配

多了一些明快、活泼、对比鲜明的感觉。特别是红、绿、蓝三原色之间的相互搭配，应用非常广泛，也非常流行。

（3）互补色搭配。在色相环中相隔 180° 的两个颜色互为补色，是色彩搭配中对比最为强烈的颜色。根据红橙黄绿蓝紫这 6 字顺序，互补色就是中间间隔 2 个颜色，如红 + 绿，橙 + 蓝，黄 + 紫……如图 4-3-5 所示。

图 4-3-5 互补色搭配

互补色搭配可以表现出一种力量、气势与活力，有非常强烈的视觉冲击力，而且也是非常现代时尚的搭配。

互补色搭配要注意 3 个方面：①一定要控制好画面的色彩比例，因为这两个颜色放一起对比非常强烈，所以一定要选出一种颜色作为主色调，另外一种作为点缀或者辅助色；②可以降低其中一种颜色的明度 / 饱和度，这样可以产生一种明暗对比，缓冲其对比性；③在画面中加入黑 / 白作为调和色进一步缓冲其对比的特性。

总之，在网店配色中，色相相隔越远对比越强烈，离得越近搭配越柔和。

任务拓展

要求：根据网店配色方法，独立完成一家女装网店的配色方案。

任务评价

表 4-3-1　评价表

评价内容	评价标准	分值	学生自评	教师评估
网店配色的黄金比例	是否掌握网店配色的黄金比例	35 分		
色彩的关系	是否熟悉 12 色相环中色彩之间的关系	25 分		
常用的 3 种配色方式	是否掌握 3 种配色方式在具体实践中的运用	25 分		
情感评价	是否具备分析问题、解决问题的能力	15 分		
学习体会				

任务四 利用色相/饱和度更换商品的颜色

任务目标

知道“色相/饱和度”的概念及如何运用，能够利用“色相/饱和度”更换商品的颜色。

任务分析

通过本任务的学习，从而具备独立利用“色相/饱和度”更换商品的颜色的能力。

任务过程

要掌握“色相/饱和度”命令，我们先认识图 4-4-1，里面的数字是为了和色相调节相匹配，这里的数值相当于色相的数值。-180 ~ 0 ~ 180，和这张图的角度相对应，可以看成每两个颜色之间相差 60°。

（1）首先，新建一个图层，绘制 3 种颜色的矩形框。分别填充红色（R=255，G=0，B=0）、绿色（R=0，G=255，B=0）、蓝色（R=0，G=0，B=255），如图 4-4-2 所示。

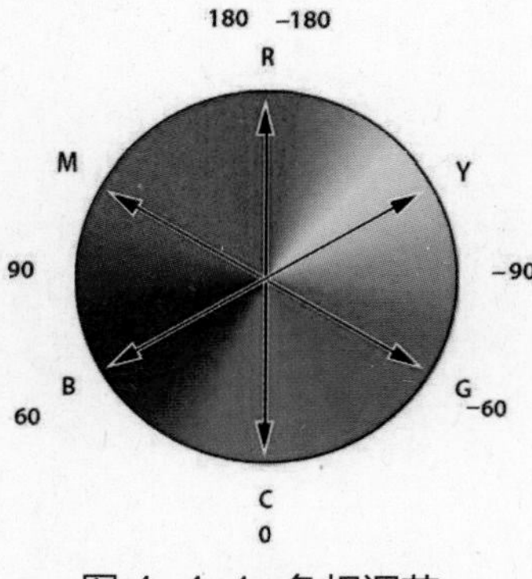

图 4-4-1 色相调节

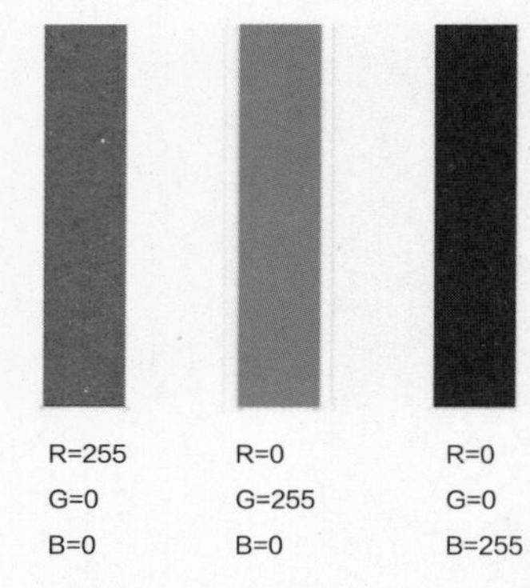

图 4-4-2 颜色填充

（2）调出“色相 / 饱和度”面板（快捷键“Ctrl+U”）。把色相设置为“60”。可以看到原来的红色（R）变成了黄色（Y）；原来的绿色（G）变成了青色（C）；原来的蓝色（B）变成了洋红色（M），如图 4-3-3 所示。

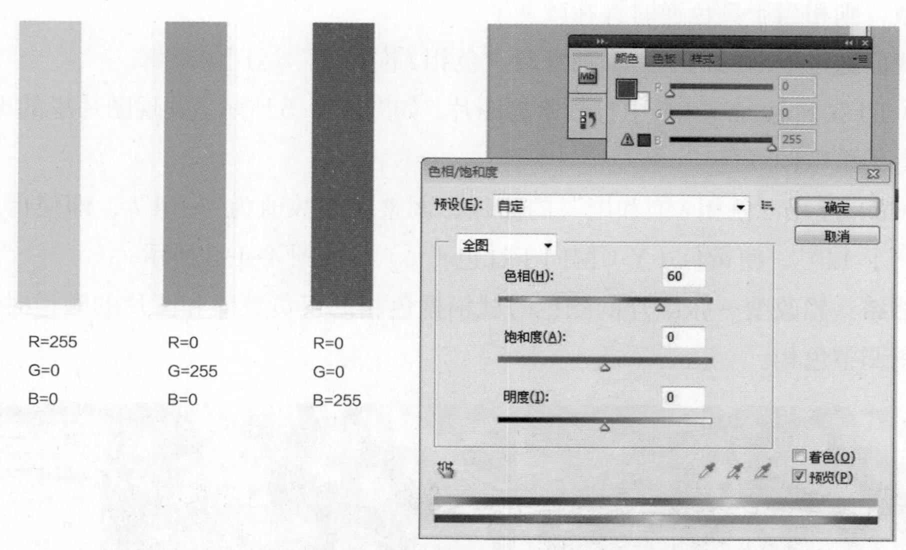

图 4-4-3 色相 / 饱和度调整（1）

（3）把色相设置为“180”，可以看到原来的红色（R）变成了青色（C）；原来的绿色（G）变成了洋红色（M）；原来的蓝色（B）变成了黄色（Y），如图 4-4-4 所示。

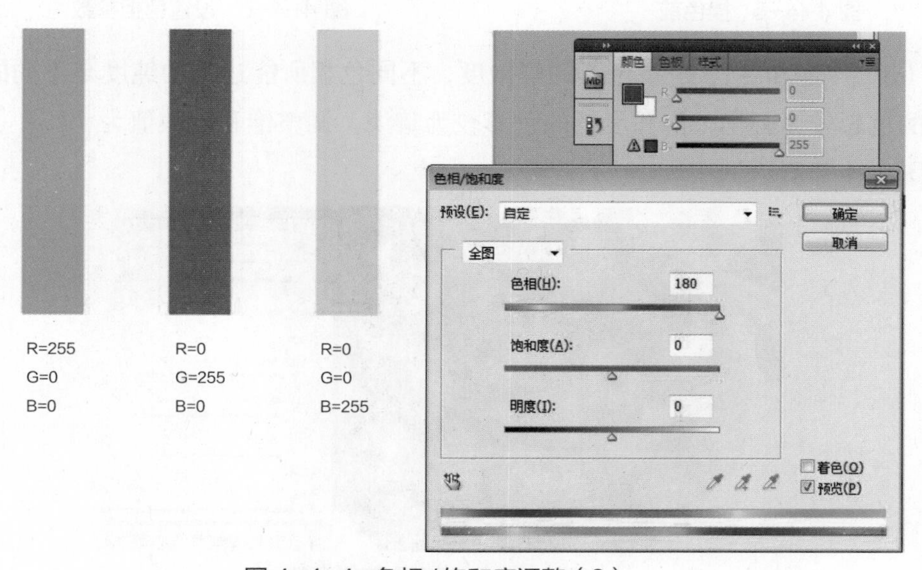

图 4-4-4 色相 / 饱和度调整（2）

由此可以看出，色相数值的变动和图 4-4-1 里数值的变化是同步的，色相的数值为 60，则 R—Y，G—C，B—M，相当于颜色都顺时针改变了 60° ；色相的数值为 180，则 R—C，G—M，B—Y，相当于颜色都顺时针改变了 180° 。（如果色相的数值为负数，则相当于颜色逆时针在改变）

我们通过下面的例子，来加深对“色相 / 饱和度”运用的理解。

（1）在 Photoshop CC 中打开素材图片，如图 4-4-5 所示。发现图片里的枣子偏黄，要使枣子稍微偏红色。

（2）打开“色相 / 饱和度”的面板，调整色相数值为“-14”，即使得颜色逆时针旋转了 14° ，使黄色（Y）偏向于红色（R），如图 4-4-6 所示。

总结：想改变一张图片的颜色时就根据色相的正负数值和图片的顺逆时针的对应关系图调整色相。

图 4-4-5 换色前

图 4-4-6 设置色相参数

（3）“饱和度” 是指色彩的鲜艳度，不同色相所能达到的纯度是不同的，饱和度高的色彩较为鲜艳，饱和度低的色彩较为暗淡。调整饱和度数值为“45”，最终效果如图 4-4-7 所示。

图 4-4-7 设置饱和度参数

任务拓展

要求：自行搜集素材，运用“色相 / 饱和度”原理，更换商品颜色。

任务评价

表 4-4-1 评价表

评价内容	评价标准	分值	学生自评	教师评估
色相 / 饱和度原理	是否熟悉色相 / 饱和度原理	35 分		
打开色相 / 饱和度面板	能否熟练使用 Photoshop CC 打开色相 / 饱和度面板	15 分		
更换商品颜色	是否能使用色相 / 饱和度更换商品颜色	35 分		
情感评价	是否具备分析问题、解决问题的能力	15 分		
学习体会				

任务五　利用色阶改变曝光不足的商品图片

任务目标

知道色阶的概念及如何修改色阶，能够利用色阶改变曝光不足的商品图片。

任务分析

本任务要知道色阶的构成原理，从而具备利用色阶改变曝光不足的商品图片的能力。

任务过程

色阶就是用直方图描述出的整张图片的明暗信息，如图 4-5-1 所示，有黑色、灰色和白色 3 个小箭头（图中红色 1，2，3 处），它们的位置对应“输入色阶”中的 3 个数值（图中绿色 1，2，3 处）。其中黑色箭头代表最低亮度，就是纯黑，白色箭头就是纯白。而灰色的箭头就是中间灰，指的是中间调，它可以改变中间调的亮度，是因为它左边代表整张图片的暗部，右边代表整张图片的亮部，当我们将灰色滑块右移，就等于是有更多的中间调像素进入了暗部，所以图片会变暗，反之亦然。

修改色阶其实就是扩大照片的动态范围，查看和修正曝光，调色，提高对比度等。

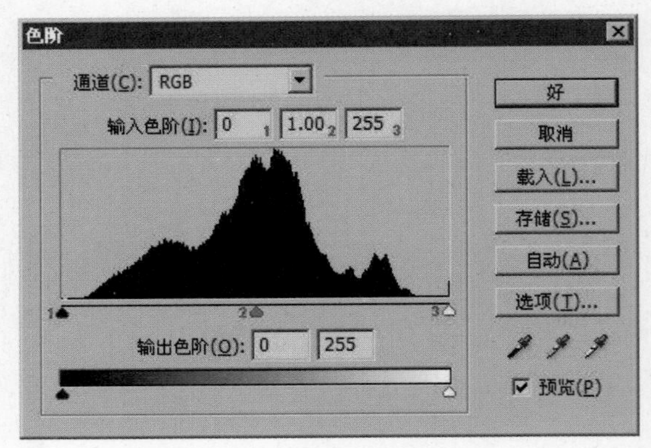

图 4-5-1　色阶

我们通过下面的例子，来加深对色阶运用的理解。

（1）在 Photoshop CC 中打开素材图片，执行“图像—调整—色阶”命令，调出色阶对话框，如图 4-5-2 所示。

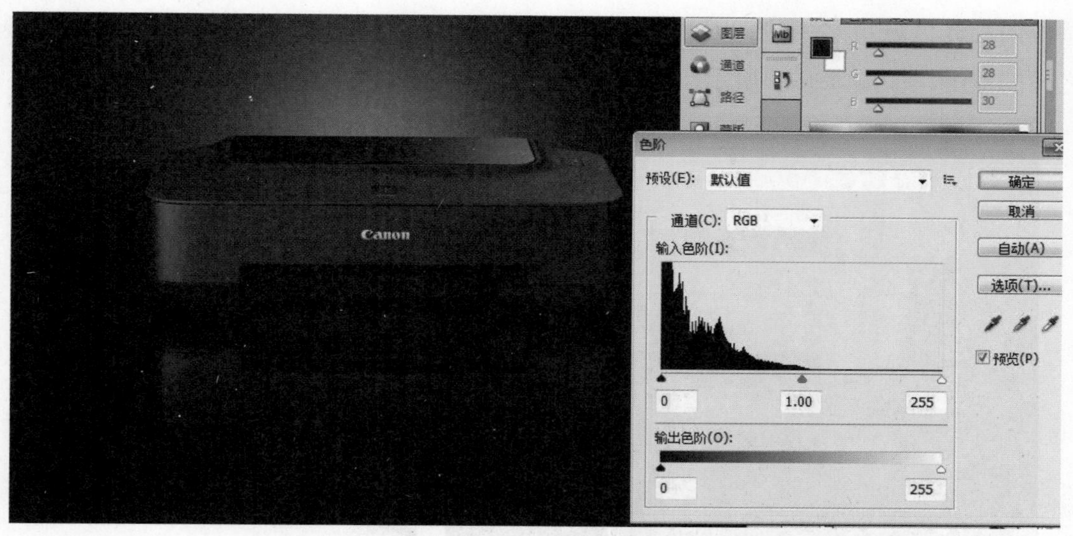

图 4-5-2　色阶对话框

（2）将白色箭头往左拉动，直到上方的输入色阶第 3 项数值减少到 200，观察图像变亮了，如图 4-5-3 所示。从 200 至 255 这一段的亮度都被合并了，合并到 255。因为白色箭头代表纯白，因此它所在的地方就必须提升到 255，之后的亮度也都统一停留在 255 上，形成一种高光区域合并的效果。

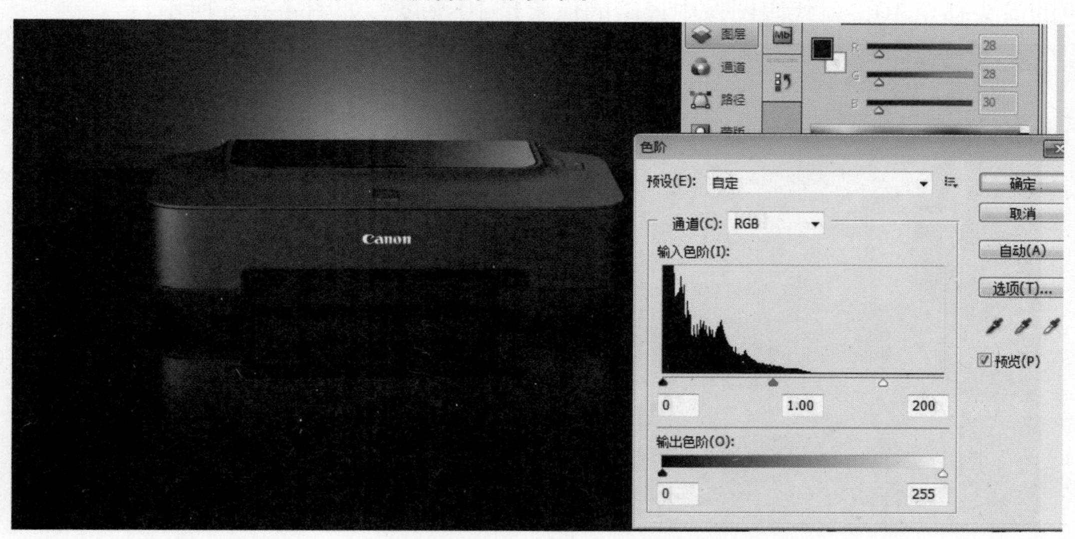

图 4-5-3　合并亮调

同样的道理，将黑色箭头向右移动就是合并暗调 。

灰色箭头代表了中间调在黑场和白场之间的分布比例，如果往暗调区域移动图像将变亮，因为黑场到中间调的这段距离，比起中间调到高光的距离要短，这代表中间调偏向高光区域更多一些，因此图像变亮了。灰色箭头的位置不能超过黑白两个箭头之间的范围，如图 4–5–4 所示。

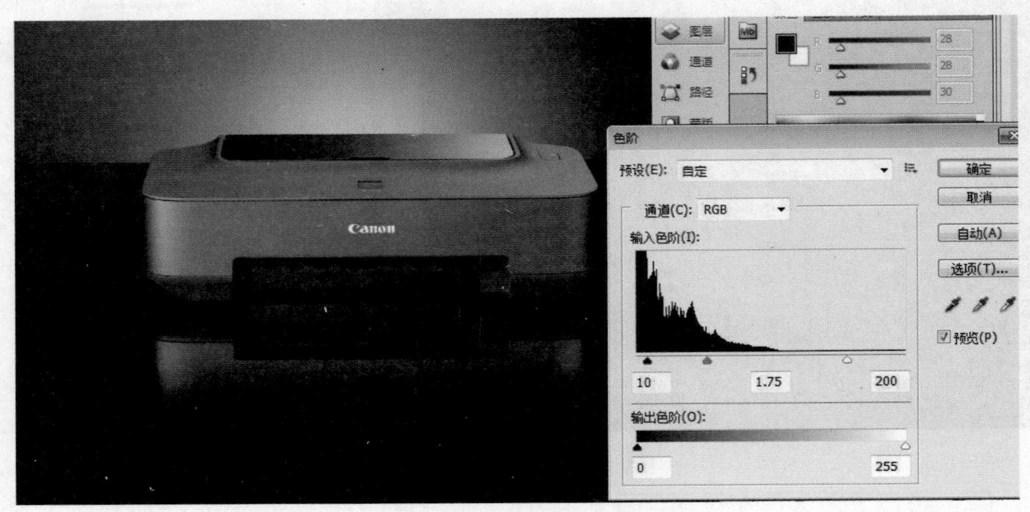

图 4–5–4 中间调调整

位于对话框下方的输出色阶，就是控制图像中最高和最低的亮度数值。如果将输出色阶的白色箭头移至 200，那么就代表图像中最亮的像素就是 200 亮度；如果将黑色的箭头移至 10，就代表图像中最暗的像素是 10 亮度，如图 4–5–5 所示。

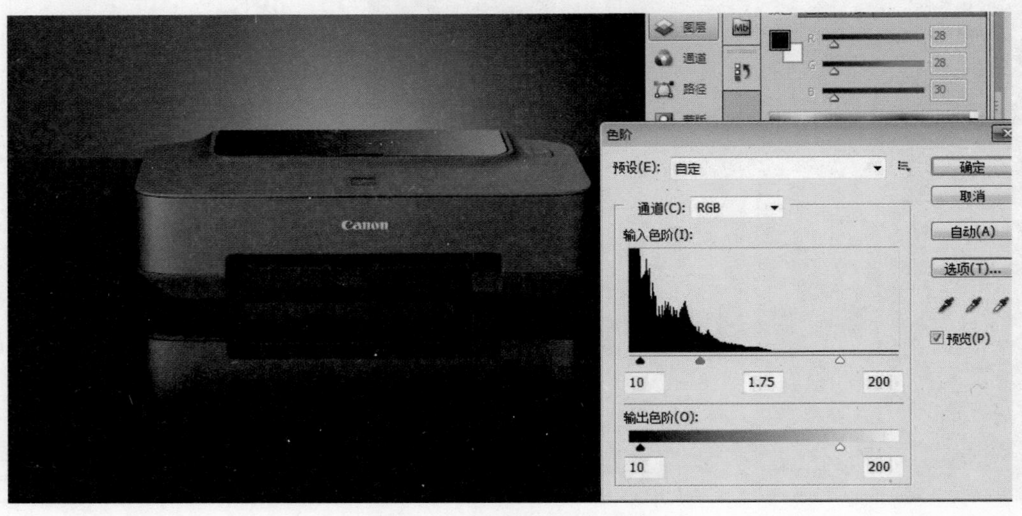

图 4–5–5 输出色阶调整

任务拓展

要求：自行收集素材，运用色阶原理，改变曝光不足的商品图片。

任务评价

表 4-5-1 评价表

评价内容	评价标准	分值	学生自评	教师评估
色阶原理	是否熟悉色阶原理	35 分		
打开色阶	能否熟练使用 Photoshop CC 打开色阶命令	15 分		
改变曝光不足的商品图片	是否能使用色阶改变曝光不足的商品图片	35 分		
情感评价	是否具备分析问题、解决问题的能力	15 分		
学习体会				

任务六 利用通道混合器调整商品色调

任务目标

知道通道混合器原理，能够利用通道混合器调整商品色调。

任务分析

本任务要知道通道混合器色彩的构成原理，从而具备独立使用通道混合器调整商品色调的能力。

任务过程

在 Photoshop CC 中有一个很重要的概念叫图像通道，在 RGB 色彩模式下就是指单独的红色、绿色、蓝色部分。也就是说，一幅完整的图像，是由红色、绿色、蓝色 3 个通道组成的。通道混合器的调色原理就是通过混合进其他通道色彩的亮度来影响源通道色彩亮度去改变图片色彩。需要注意的是，通道混合器里的源通道只是借用了其他通道的亮度，而不是和其他通道的亮度进行交换，所以不会改变其他通道的亮度。一幅完整的图像，红色、绿色、蓝色 3 个通道缺一不可，即使图像中看起来没有蓝色，也只能说蓝色光的亮度为 0，但不能说没有蓝色通道存在。

通道混合器中色彩的构成原理：

【红红混合】增加则增加红色，减少则增加青色。

【红绿混合】增加则增加黄色，减少则增加蓝色。

【红蓝混合】增加则增加洋红，减少则增加绿色。

其他通道同理，均根据色相环原理来确定。在显示器里面都是用 RGB 投影，如果 RGB 3 值均为 255，那么显示为白色；均为 0，显示为黑色。在通道里，图像就是灰度图。

白色代表全选，黑色代表完全不选，灰色代表羽化选择，就是半选。

通过下面的例子，来加深对通道混合器的理解。

（1）在 Photoshop CC 中打开素材图片，如图 4-6-1 所示。

（2）调出通道调板。可以右键点击调板中蓝色通道下方的空白处，在弹出的选单中选择“小”“中”或“大”。通道调板如图 4-6-2 所示。

图 4-6-1　打开素材图片

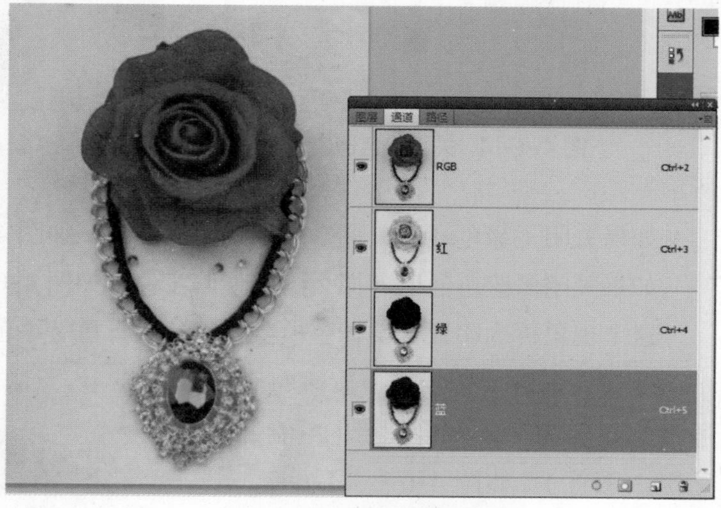

图 4-6-2　调出通道调板

此时红色、绿色、蓝色 3 个通道的缩览图都是以灰度显示。如果点击通道名字，就会发现图像也同时变为了灰度图像。点击通道图片左边的眼睛图标，可以显示或关闭那个通道。

注意：最顶部的 RGB 不是一个通道，而是代表 3 个通道的综合效果。如果关闭了红色、绿色、蓝色中任何一个，最顶部的 RGB 也会被关闭。点击了 RGB 后，所有通道都将处在显示状态。

我们可以看到：

如果关闭了红色通道，那么图像就偏青色，如图 4-6-3

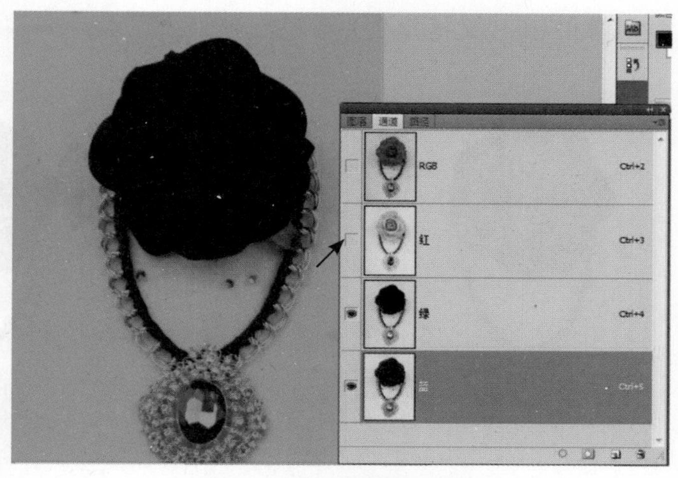

图 4-6-3　关闭红色通道

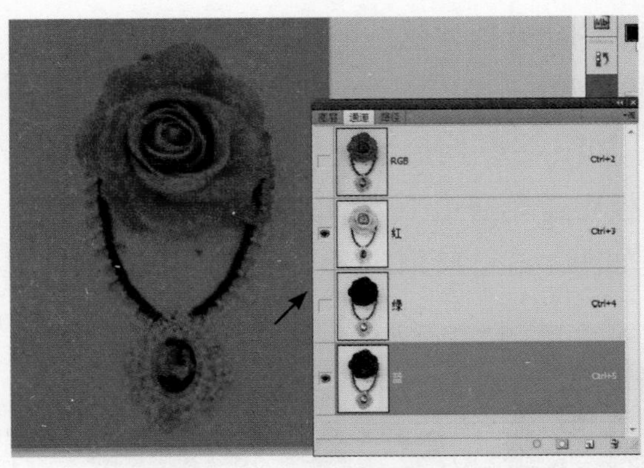

图 4-6-4 关闭绿色通道

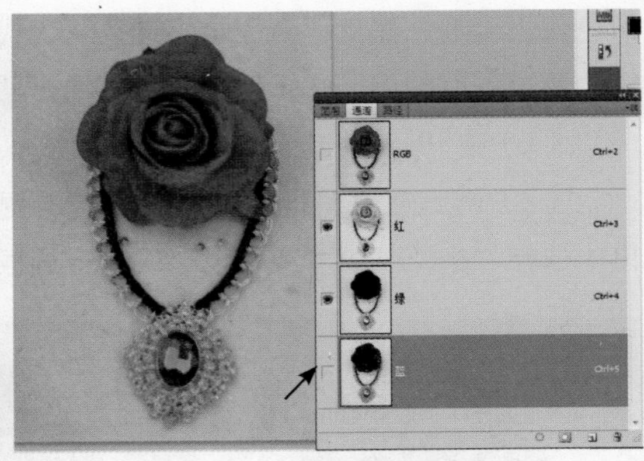

图 4-6-5 关闭蓝色通道

所示。

如果关闭了绿色通道，那么图像就偏洋红色，如图 4-6-4 所示。

如果关闭了蓝色通道，那么图像就偏黄色，如图 4-6-5 所示。

这个现象再次印证了反转色模型：红色对青色、绿色对洋红色、蓝色对黄色。

现在点击看单个通道，发现每个通道都显示为一幅灰度图像（不能说是黑白图像），如图 4-6-6，4-6-7，4-6-8 所示，分别是灰度的红色、绿色、蓝色通道图像。

图 4-6-6 红色通道图像

虽然都是灰度图像，但是为什么有些地方灰度的深浅不同呢？这种灰度图像和 RGB 又是什么关系呢？

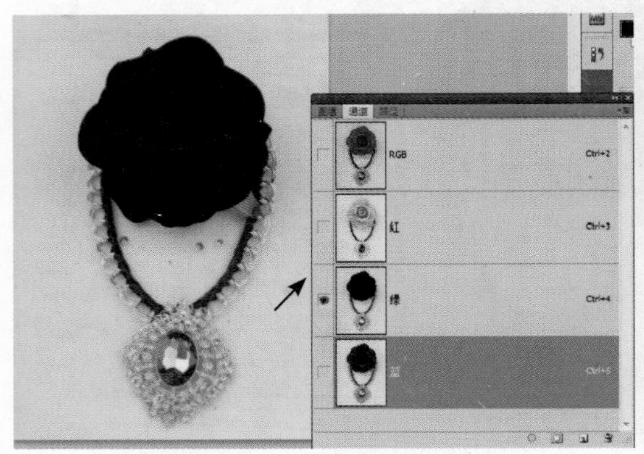

图 4-6-7 绿色通道图像

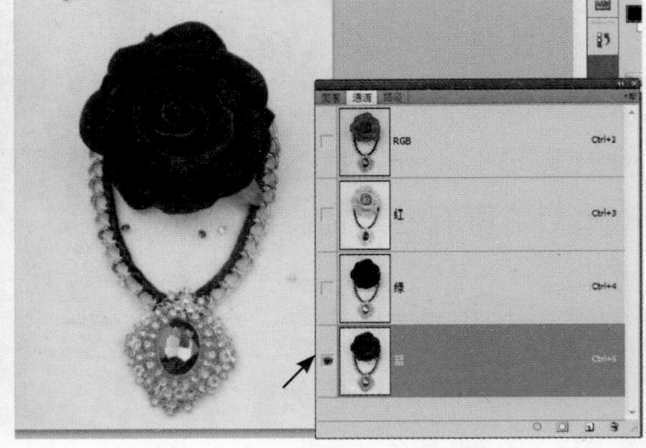

图 4-6-8 蓝色通道图像

电脑屏幕上的所有颜色，都是由红色、绿色、蓝色 3 种色光按照不同的比例混合而成。这就是说，实际上图像是由 3 幅图像（红色图、绿色图和蓝色图）合成的。

对于红色而言，它在图像中的分布是不均匀的，有的地方多些，有的地方少些。就是说有的地方红色亮度高些，有的地方红色亮度低些。

纯白的区域说明那里红色光最强（对应于亮度值 255），纯黑的地方则说明那里完全没有红色光（对应于亮度值 0）。

某个通道的灰度图像中的明暗对应该通道色的明暗，从而表达出该色光在整体图像上的分布情况。由于通道共有 3 个，所以也就有了 3 幅灰度图像。

灰度图像中越偏白的部分，表示色光亮度值越高，越偏黑的部分则表示亮度值越低。

在理解了以上的内容后，有一个随之而来的疑问：通道有什么用？通道不是拿来“用”的，而是整个 Photoshop 显示图像的基础。我们在图像上做的所有事情，都可以理解为是色彩的变动，比如你画了一条黑色直线，就等同于直线的区域被修改成了黑色。而所有色彩的变动，其实都是间接在对通道中的灰度图进行调整。

（3）在学习了通道混合器的原理后，利用通道混合器创作出自己满意的作品将不是难事。下面举几个例子。

①打开“图层—新建调整图层—通道混合器”，如图 4-6-9 所示。

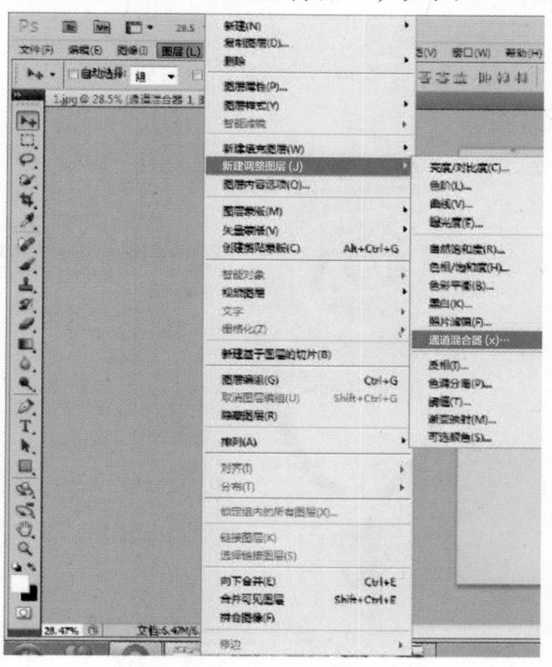

图 4-6-9　打开通道混合器

②将“输出通道”设置为“红色”。

红色：106；绿色：0；蓝色：40，如图 4-6-10 所示。

③将“输出通道”设置为“绿色”。

红色：114；绿色：20；蓝色：-20，如图 4-6-11 所示。

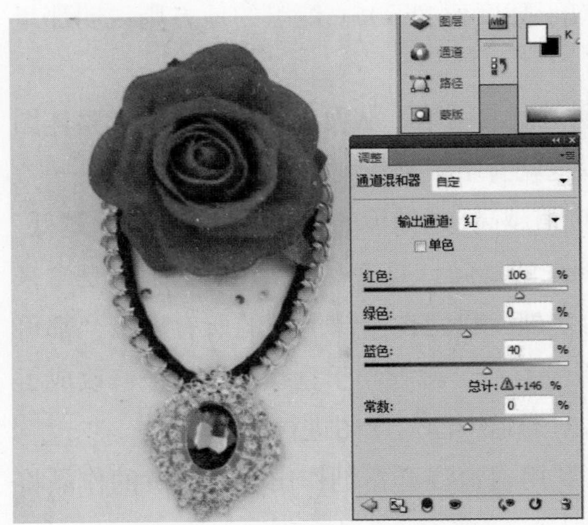

图 4-6-10 “输出通道”设置为“红色”

图 4-6-11 “输出通道”设置为“绿色”

④将“输出通道”设置为“蓝色”。

红色：162；绿色：-1；蓝色：-60，如图 4-6-12 所示。

图 4-6-12 “输出通道”设置为“蓝色”

任务拓展

要求：运用该素材图片，根据自己的发挥创造，试着调整数值，创建更多的风格。

任务评价

表 4-6-1　评价表

评价内容	评价标准	分值	学生自评	教师评估
通道混合器原理	是否清楚通道混合器原理	35 分		
打开通道混合器	能否熟练使用 Photoshop CC 打开通道混合器	15 分		
调整商品色调	是否能使用通道混合器调整商品色调	35 分		
情感评价	是否具备分析问题、解决问题的能力	15 分		
学习体会				

项目五

网店宣传文字制作

文字特效是平面设计不可缺少的元素，尤其在商业设计作品中起着至关重要的作用，它常常用作设计作品的点题、说明和装饰等，可以起到画龙点睛的作用。同样，在网店中运用富有特色的宣传文字特效，能够让网店更加吸睛。

知识目标

（1）熟悉文字工具的运用。

（2）掌握字符设置。

（3）掌握图层样式命令。

（4）掌握图层蒙版的应用。

能力目标

（1）能制作变形文字。

（2）能制作立体文字。

（3）能制作描边文字。

（4）能制作文字颜色效果。

（5）能制作渐变文字。

（6）能制作发光文字。

（7）能制作风格艺术文字。

情感目标

（1）培养学生灵活运用命令，制作各类文字艺术效果的能力。

（2）培养学生的审美能力，制作出既美观又有特色的文字效果。

任务一　制作变形文字

任务目标

文字在版面中占有重要位置，文字本身的变化及文字的编排、组合对版面来说极为重要。文字不仅是信息传达，也是视觉传达最直接的表现方式，在版式设计中运用好文字，首先要掌握字体、字号、字距和行距。制作变形文字有几种不同的方法，熟悉变形文字的制作方法和步骤，能够利用 Photoshop CC 运用不同的变形方法制作富有特色的文字特效。

任务分析

本任务要了解变形命令的运用，熟悉变形文字的制作方法和流程，从而具备独立制作变形文字的能力。

任务过程

1. 对文字进行变换

（1）输入文字。在工具栏中选择“横排文字工具” T ，在画面合适的位置输入文字（What did you see？）。如图 5-1-1 所示。

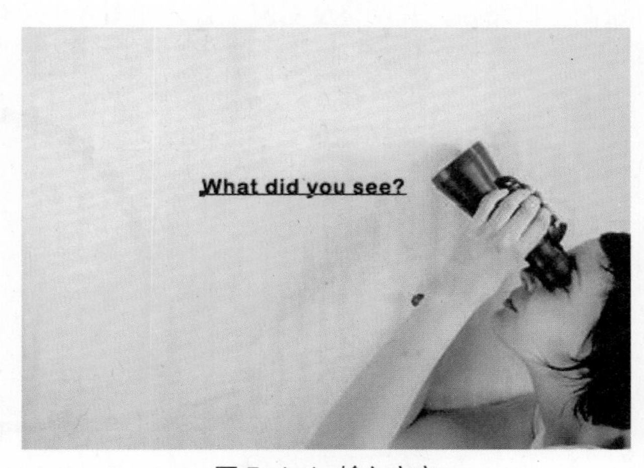

图 5-1-1　输入文字

（2）运用变形文字命令。输入文字后，单击选择“文字变形工具”按钮 ，弹出变形文字对话框，在“样式”下拉列表框中，有 15 种样式供选择：扇形、下弧、上弧、拱形、凸起、贝壳、花冠、旗帜、波浪、鱼形、增加、鱼眼、膨胀、挤压、扭转，选择“扇形”文字效果，如图 5-1-2 所示。

下面的参数可以调整扭曲效果。应用了变形文字样式之后，在图层面板缩览图中会看到一个弧形 T 字。如果不需要使用变形文字样式了，在样式下面选择第一个“无”。

（3）调整文字位置。根据上一步选择“扇形”文字变形效果后，单击工具箱中的“移动工具”按钮，拖曳文字到画面适当位置，按快捷键“Ctrl+T”，执行“自由变换”命令，旋转文字，按“Enter”键确认变换，文字效果如图 5-1-3 所示。

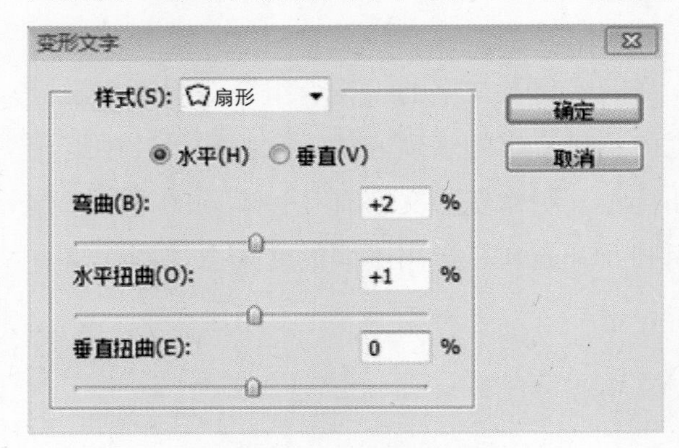

图 5-1-2　变形文字

图 5-1-3　扇形变形效果

2. 在路径上添加文字

使用路径绘制工具在图像上绘制任意形状的路径，然后沿着路径输入文字时，文字将沿着锚点按路径的方向排列。具体的操作步骤如下。

（1）用“钢笔工具”绘制路径。导入图片素材，使用“钢笔工具”在图像上绘制一段路径，并调整至对应位置，如图 5-1-4 所示。

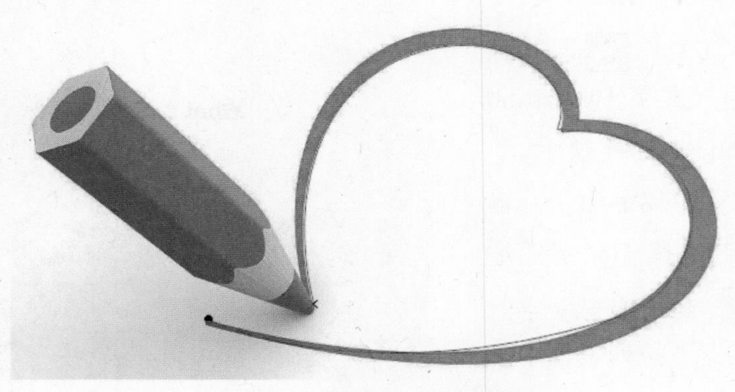

图 5-1-4　用钢笔工具绘制路径

（2）单击“横排文字工具”按钮 [T]，在绘制的路径上输入文字，此时的文字会按照绘制的路径添加，如图 5-1-5 所示。

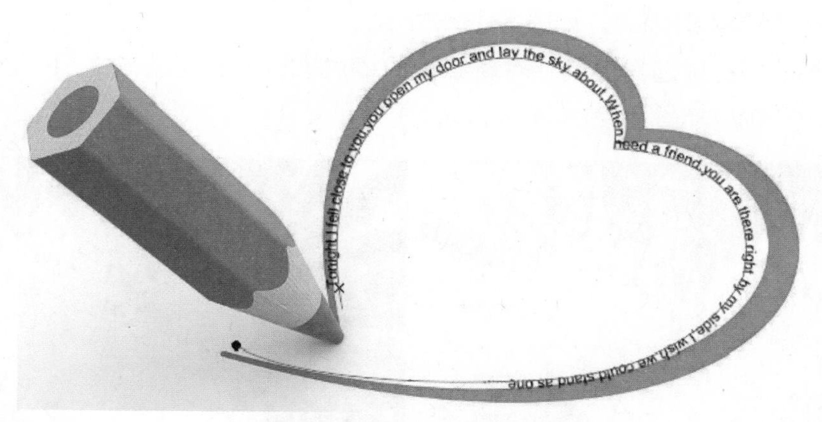

图 5-1-5 在路径上添加文字效果

3. 通过对路径的变换设置文字的变换

利用钢笔工具或其他工具为文字绘制一段路径，然后使用工具箱中的“直接选择工具”，移动路径或更改路径形状时，文字将会适应新的路径位置或形状而做出相应的变化，具体的操作步骤如下：

（1）导入图片素材，使用“钢笔工具” 绘制出桃心形状的路径，如图 5-1-6 所示。

（2）单击“横排文字工具”按钮 [T]，在绘制的路径上输入文字，此时的文字按照绘制的路径添加，如图 5-1-7 所示。

图 5-1-6 绘制路径

图 5-1-7 在路径上添加文字效果

（3）在工具箱中单击“直接选择工具”按钮 ，单击路径上的锚点，然后使用手柄改变路径的形状，在路径上单击鼠标右键，在弹出的快捷选单中选择“添加锚点”，为路径添加新的锚点，如图 5–1–8 所示。

（4）通过“直接选择工具”对新添加的锚点进行路径形状改变后，文字随路径的变化而发生相应变化，如图 5–1–9 所示。

图 5–1–8　添加锚点

图 5–1–9　文字随路径变化

（5）单击“横排文字工具”按钮 T，选择不同的单词进行颜色和字号的调整，（例 Blackoak Std　Regular　15 点），如图 5–1–10 所示。

（6）单击“横排文字工具”按钮 T，在心形文字中间输入文字，并调整字体、字号、颜色，经过调整后得到文字效果如图 5–1–11 所示。

图 5–1–10　调整文字颜色、字号

图 5–1–11　文字效果

任务拓展

要求：登录淘宝网站，找出有特色的变形字体，确定风格，模仿制作店铺名称。

任务评价

表 5-1-1　评价表

评价内容	评价标准	分值	学生自评	教师评估
变形文字的制作步骤	是否熟悉变形文字的制作步骤	35 分		
文字工具的运用	能否熟练运用文字工具并设置字体、字号	25 分		
用钢笔工具绘制路径并添加文字	能否熟练使用 Photoshop CC 钢笔工具	25 分		
情感评价	是否具备灵活运用、举一反三的能力	15 分		
学习体会				

任务二 制作立体文字

任务目标

字体是文字的表现形式，不同的字体给人不同的视觉感受和心理感受，这就说明字体具有强烈的感情性格，设计者要充分利用文字的这一特性，选择准确的字体，以有助于主题内容的表达。

任务分析

文字在设计里不仅仅代表着一种文字符号，还代表着一种设计理念。突出醒目的3D 立体效果，将在海报文字中脱颖而出。本任务学习 3D 立体文字的制作，熟悉 3D 立体文字的制作方法和流程，从而具备独立制作 3D 立体文字的能力。

任务过程

1. 新建空白文档

执行“文件—新建”命令，（快捷键“Ctrl+N”）新建一个空白文档，设置文件名称为“3D 立体文字”，宽度为“2000 像素”，高度为“1500 像素”，如图 5-2-1 所示。

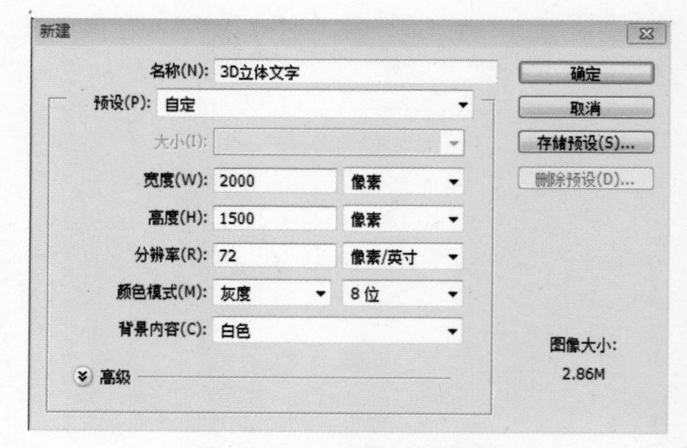

图 5-2-1 新建空白文档

2. 创建图层组

在图层面板下单击“创建新组”按钮，新建图层，然后将其命名为“文字”，如图 5-2-2 所示。

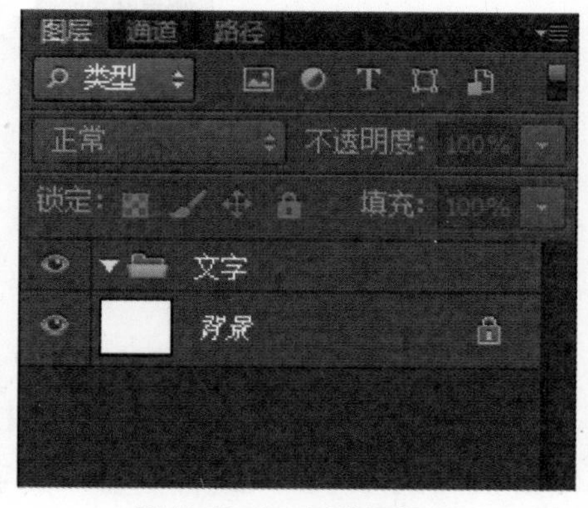

图 5-2-2 新建图层组

3. 输入文字

单击“横排文字工具”按钮 T，在画布中间输入文字“打折”，在其选项栏中选择较粗的字体，设置文字大小为 700 点、文字颜色为黑色，如图 5-2-3 所示。

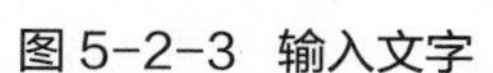
图 5-2-3 输入文字

图 5-2-4 文字自由变换

4. 复制文字图层进行自由变换

选择“打折”图层，将其拖动到“创建新图层”按钮上建立“打折 拷贝”，单击鼠标右键，在弹出的快捷选单中选择“栅格化文字”命令，将文字图层转换为普通图层。使用“矩形选框工具”，框选“折”字右侧底部。按“Ctrl+T”组合键执行自由变换命令，单独对“折”字做文字变形调整，为便于观察文字，隐藏背景，如图 5-2-4 所示。

5. 设置图层样式

对文字图层执行“图层—图层样式—外发光”命令，打开“图层样式”对话框，设置“颜色”为“红色”（R=255，G=0，B=0）、“方法”为“柔和”、“扩展”为“100%”、“大小”为“40 像素”，如图 5-2-5 所示。

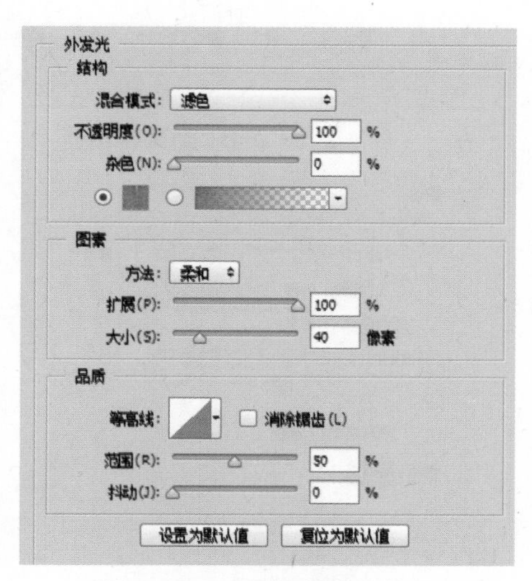

图 5-2-5 添加外发光效果

在“图层样式”对话框中选择“渐变叠加”样式，然后设置“渐变颜色”为“橙黄渐变”，如图 5-2-6 所示。设置“样式”为“线性”、“角度”为“98 度”、“缩放”为“108%”，如图 5-2-7 所示。

在“图层样式”对话框中选择“描边”样式，然后设置“大小”为“25 像素”、“位置”为“外部”、“颜色”为“红色”，如图 5-2-8 所示。

6. 盖印文字图层

创建新图层，在图层面板中单击“隐藏”按钮，将其他图层隐藏。按“Shift+Ctrl+Alt+E”组合键盖印文字层，如图 5-2-9 所示。

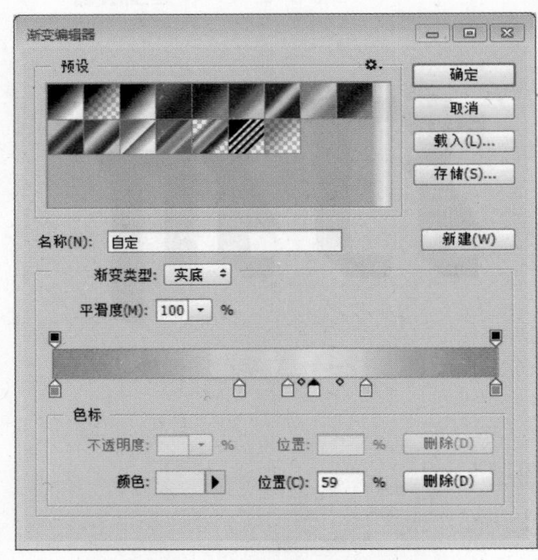

图 5-2-6 渐变编辑器

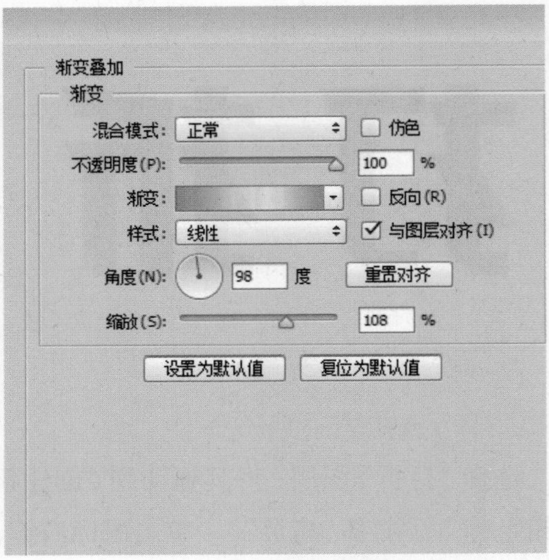

图 5-2-7 渐变叠加

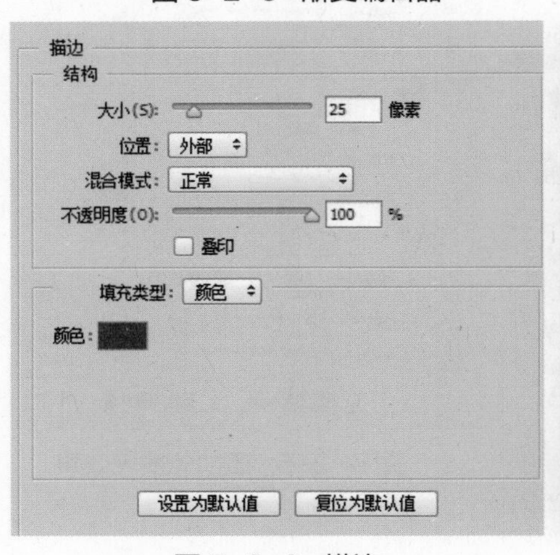

图 5-2-8 描边

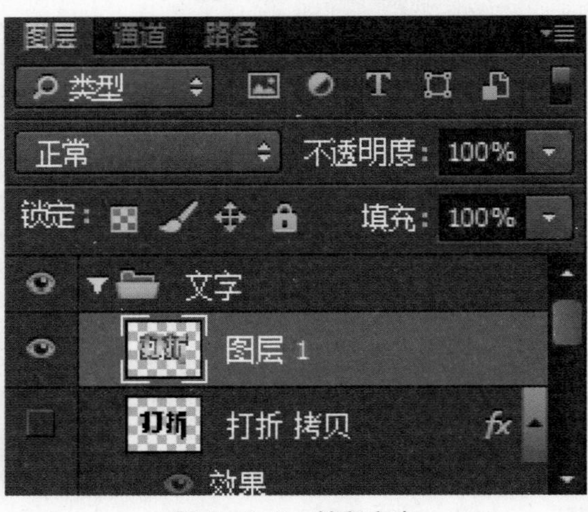

图 5-2-9 盖印文字

7. 设置 3D 立体效果

选择“图层 1”，按“Ctrl”键，将图层载入选区。执行“3D—从所选图层新建 3D 模型”命令，在 3D 面板中单击图层 1 条目。在“属性”面板中单击“网格”按钮，设置“凸出深度”为“800 厘米”。适当调整文字角度，如图 5-2-10 所示。

如果用户所使用的 Photoshop 版本没有 3D 功能，此时的立体效果可以使用钢笔工具绘制立体轮廓形状并填充渐变来完成。

单击 3D 面板中的“图层 1 凸出材质”条目，在“属性”面板中选择“材质”，如图 5-2-11 所示。

回到文字图层面板，制作完成的 3D 文字效果如图 5-2-12 所示。

为了避免 3D 文字制作完成后出现白边效果，可以单击“图层”面板中的 ▲ 图标，展开 3D 文字面板，单击“图层 1”，在弹出的面板中选择和文字边缘同样的颜色，选择“图层 1”，按“Ctrl”键将文字载入选区。再按“Shift+Ctrl+I”组合键反向选择背景区域，按“Alt+Delete”组合键填充颜色。

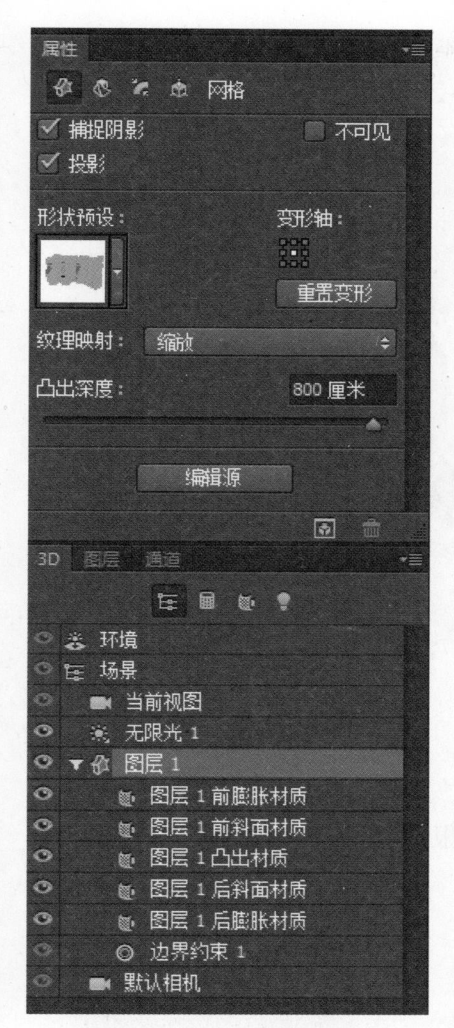

图 5-2-10　3D 效果设置

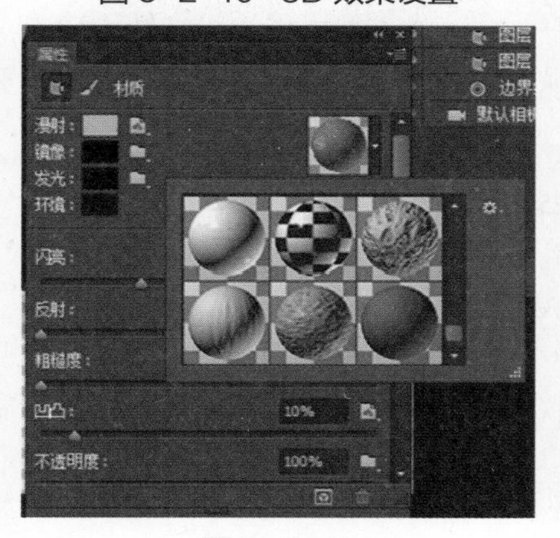

图 5-2-11

图 5-2-12　效果展示

8. 导入背景层

导入背景图片，将其放置在最底层，效果如图 5-2-13 所示。

图 5-2-13 效果展示

任务拓展

要求：设计两种不同风格的 3D 立体文字宣传海报标题。

任务评价

表 5-2-1 评价表

评价内容	评价标准	分值	学生自评	教师评估
3D 立体文字的制作步骤	是否熟悉 3D 立体文字的制作步骤	35 分		
自由变换等快捷键的运用	能否熟练使用 Photoshop CC 进行基本操作	25 分		
添加图层样式特效	是否能使用 Photoshop CC 修饰文字样式	25 分		
情感评价	是否具备灵活运用、举一反三的能力	15 分		
学习体会				

任务三 制作描边文字

任务目标

制作描边文字，文字通过描边后，文字在海报中具有强调效果。本任务要熟悉描边文字制作流程及操作命令。

任务分析

本任务要求运用自由变换、图层样式设置，设计开业海报。

任务过程

1. 导入素材

执行“文件—新建”命令，创建一个文档，导入背景图片。

2. 输入并设置文字

选择“横排文字工具”，在画面中输入文字，例“开业大酬宾”，设置字体为“华康海报体”、字号自定（也可以用其他较粗的字体代替），如图 5-3-1 所示。

3. 创建图层组

在“图层”面板下单击“创建新组”按钮，新建文件夹，然后将其命名为“文字组”，如图 5-3-2 所示。

图 5-3-1 输入文字

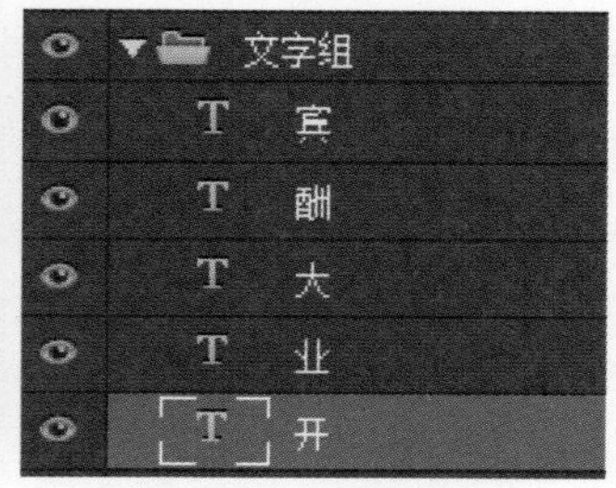

图 5-3-2 创建图层组

对“文字组”按“Ctrl+T”组合键执行“自由变换”操作，将文字适当旋转，如图 5-3-3 所示。使用同样的方法输入其他字母，并一一进行旋转。

图 5-3-3　调整字体

4. 设置“投影”效果

选中“开”字图层，执行“图层—图层样式—投影”命令，弹出“图层样式”对话框，设置“颜色”为黑色，“角度”为“42 度”，“距离”为“16 像素”，“扩展”为“40%”，“大小”为“9 像素”，如图 5-3-4 所示。

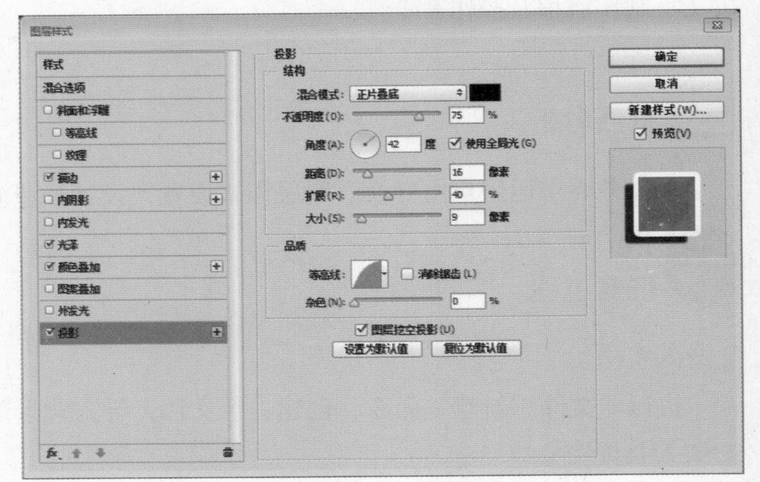

图 5-3-4　设置投影效果

5. 设置“光泽”样式

选择“光泽”样式，设置“混合模式”为“正片叠底”，“颜色”为黑色，“不透明度”为“9%”，“角度”为“133 度”，“距离”为“25 像素”，“大小”为“21 像素”，调整等高线形状，如图 5-3-5 所示。

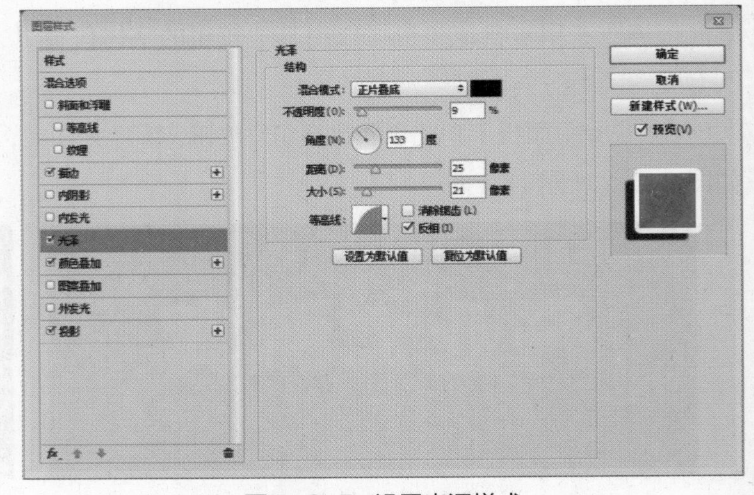

图 5-3-5　设置光泽样式

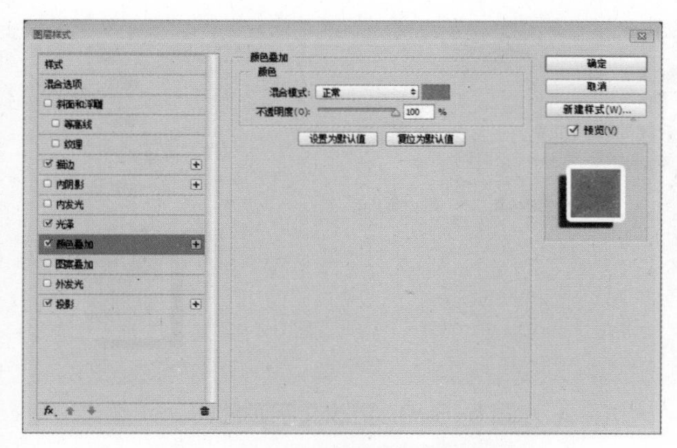

图 5-3-6　设置颜色叠加样式

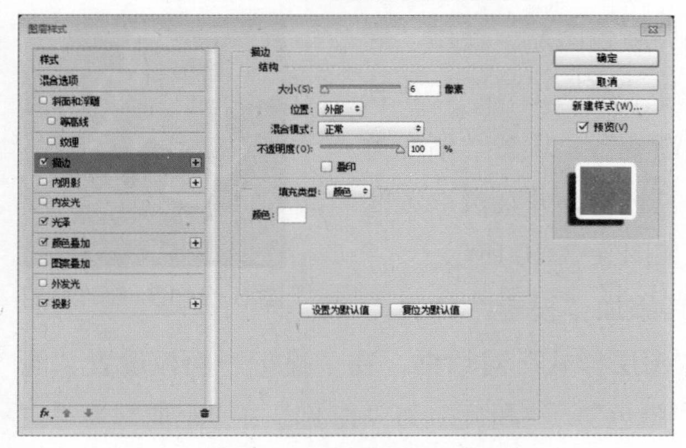

图 5-3-7　设置描边样式

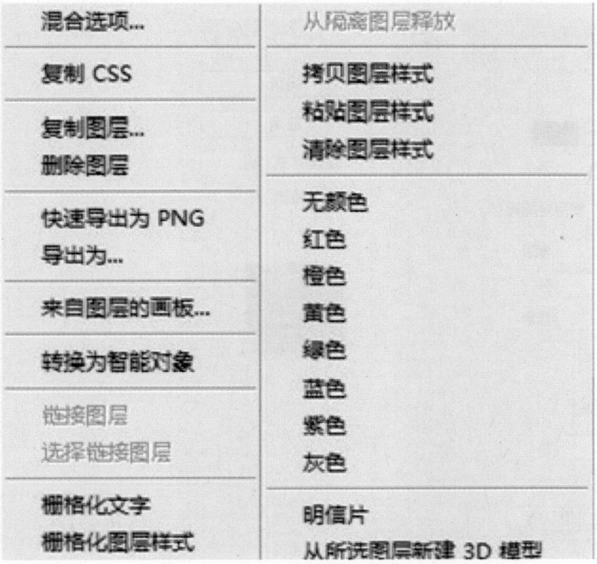

图 5-3-8　拷贝图层样式

6. 设置颜色叠加样式

选择“颜色叠加”样式，设置“混合模式”为“正常”，“颜色”为“红色”，“不透明度”为“100%”，如图 5-3-6 所示。

7. 设置描边样式

选择“描边”样式，设置“大小”为“6 像素”，“位置”为“外部”，“混合模式”为“正常”，“不透明度”为“100%”，“颜色”为白色，调整完成后单击“确定”按钮结束操作，如图 5-3-7 所示。

8. 拷贝图层样式

其他文字也需要使用该样式，在文字“开”图层上单击鼠标右键，在弹出的快捷选单中选择“拷贝图层样式”命令，如图 5-3-8 所示。并在另外的文字图层上单击鼠标右键，在弹出的快捷选单中选择“粘贴图层样式”命令，其他文字也出现了相同的文字样式。

9. 更改文字颜色

如果想要更改文字的颜色，可以双击该文字的图层样式，弹出“图层样式”对话框，选择“颜色叠加”样式，设置“颜色”为“青色”，此时字母颜色发生变化，如图 5-3-9 所示。使用同样的方法制作其他文字。

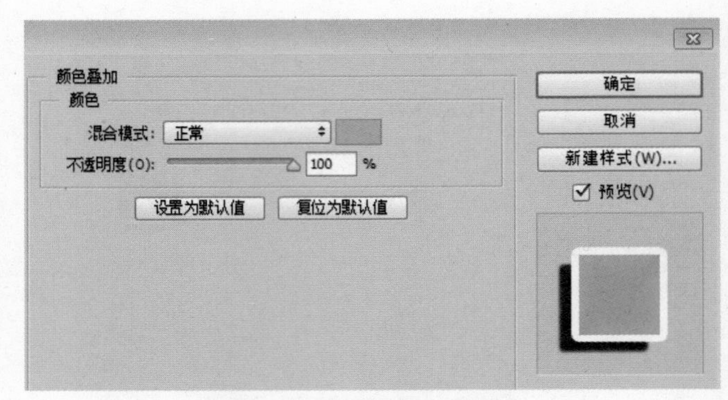

图 5-3-9　更改文字颜色

10. 制作图钉

下面开始制作文字顶部的图钉效果。新建图层，使用“椭圆选框工具”，绘制一个圆形选区，选择“渐变工具”，在其选项栏中编辑“渐变颜色”为“黄色系渐变”，设置“渐变类型”为“放射性渐变”，选中“反向”复选框，并在圆形选区内拖拽填充出具有立体感的球体效果，如图 5-3-10 所示。

图 5-3-10　制作图钉

为了使图钉效果更真实，需要为其添加“投影”样式。执行“图层—图层样式”命令，弹出“图层样式”对话框，在“投影”面板设置“混合模式”为“正片叠底”，“颜色”为“黑色”，“角度”为“42 度”，“距离”为“12 像素”，“大小”为“7 像素”，如图 5-3-11 所示，使用同样的方法制作其他图钉。

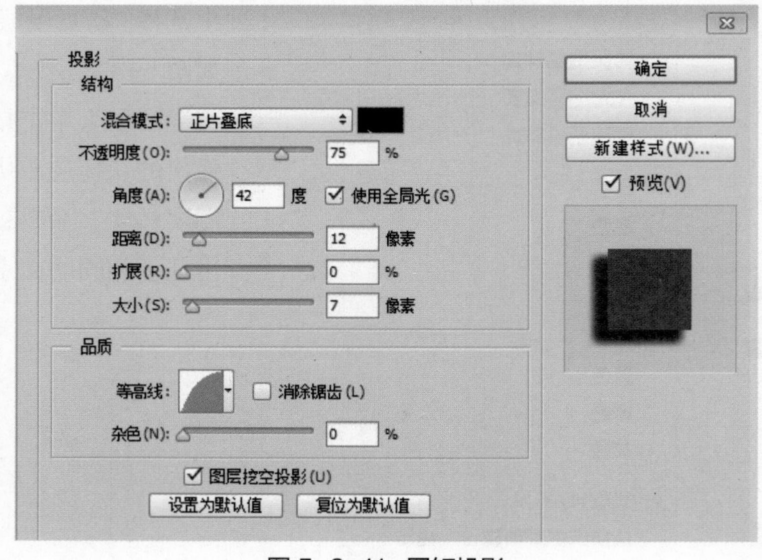

图 5-3-11　图钉投影

11. 导入前景素材

导入前景素材，用自由变换命令调整素材位置，给美女图片添加描边效果，最终效果如图 5-3-12 所示。

图 5-3-12　最终效果图

任务拓展

要求：登录淘宝网站，找到喜欢的文字海报，运用描边文字制作宣传海报。

任务评价

表 5-3-1　评价表

评价内容	评价标准	分值	学生自评	教师评估
描边文字的制作步骤	是否熟悉描边文字的制作步骤	35 分		
混合模式的运用	是否了解混合模式的作用	25 分		
图层样式特效的运用	能否使用 Photoshop CC 修饰文字样式	25 分		
情感评价	是否具备灵活运用、举一反三的能力	15 分		
学习体会				

任务四 制作文字颜色效果

任务目标

运用彩色文字，为服装制作文字海报，具备制作不同文字颜色效果的能力。

任务分析

本任务要运用不同的方式给文字调色，制作彩色文字效果。

任务过程

1. 打开素材文件

执行“文件—打开”命令，在弹出的对话框中选择背景素材文件，如图 5-4-1 所示。

2. 输入文字

在工具箱中单击“横排文字工具”按钮 T，选项栏中选择一个较粗的字体，并设置文字大小为3500点、文字颜色为白色，之后在画布中间输入英文“GIORGI ARMAN”，如图 5-4-2 所示。

图 5-4-1 打开素材文件

图 5-4-2 输入文字

3. 设置文字颜色

在“图层”面板中双击文字图层的缩略图，选择所有的文本，然后单独选择“G”字母，接着在选项栏中单击颜色块，在弹出的“选择文本颜色”对话框中设置颜色为（R=179，G=34，B=239），如图 5-4-3 所示。采用相同的方法更改其他字母颜色。

4. 复制图层

按“Ctrl+J”组合键复制一个文字副本图层，然后在副本图层名称上单击鼠标右键，在弹出的快捷选单中选择“栅格化文字”命令，如图 5-4-5 所示。

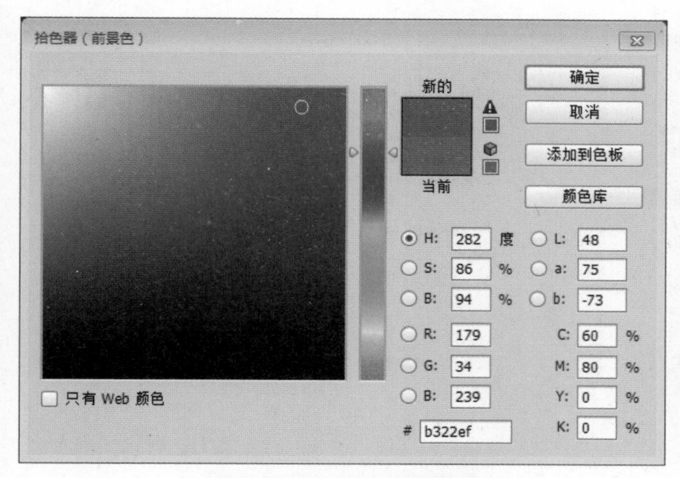

图 5-4-3　设置文字颜色

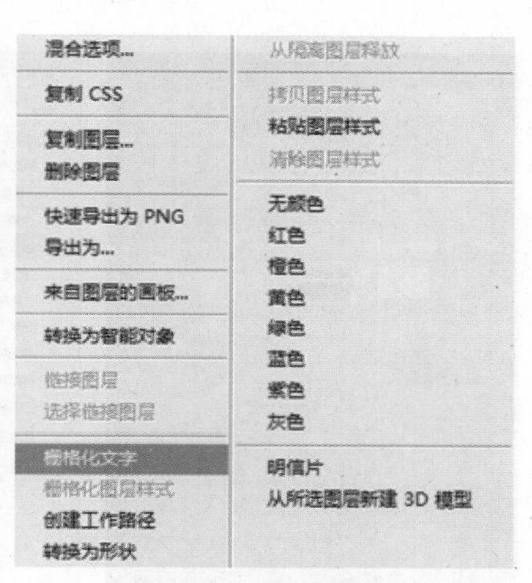

图 5-4-5　栅格化文字

5. 制作特效

载入文字选区，在工具箱中设置前景色为白色，按“Alt+Delete”组合键为其填充白色，设置“不透明度”为“35%”，然后使用“矩形选框工具”绘制一个矩形选区，如图 5-4-6 所示。

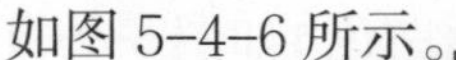

图 5-4-6　制作特效

6. 添加图层蒙版

在“图层”面板下单击“添加图层蒙版”按钮，为副本图层添加一个图层蒙版，如图 5-4-7 所示。

7. 制作描边效果

选择文字图层，为文字制作描边效果，单击“图层”面板下方的“添加图层样式”按钮，选择“描边”选项，设置“大小”为“5 像素”，“位置”为“外部”，“颜色”为“白色”，如图 5-4-8 所示。

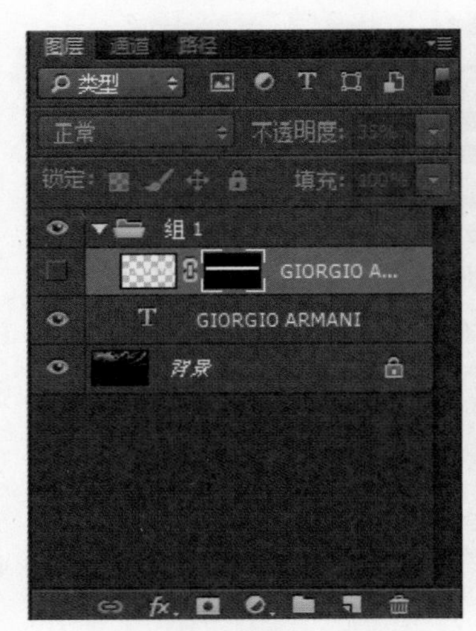

图 5-4-7 添加图层蒙版

图 5-4-8 描边

8. 输入文字

再次使用“横排文字工具”按钮，输入英文字母“THE FOUNDER OF EUROPEAN FASHION LIFE”，并设置文字大小为1000点、文字颜色为白色，如图 5-4-9 所示。

图 5-4-9 输入文字

9. 制作渐变叠加

为底部文字制作渐变叠加效果，单击图层面板下方的“添加图层样式”按钮，选择“渐变叠加”，在弹出的对话框中单击“渐变”，在弹出的“渐变编辑器”对话框中调整渐变颜色并设置渐变类型为线性渐变，如图 5-4-10 所示。

10. 复制合并图层

按“Shift”键选择原文字图层与副本图层，然后再次复制一个副本图层，按“Ctrl+E”组合键进行合并，将合并的图层进行垂直翻转，将其放置在原始文字图层的下一层。设置其图层的“不透明度”为“40%”，如图 5-4-11 所示。

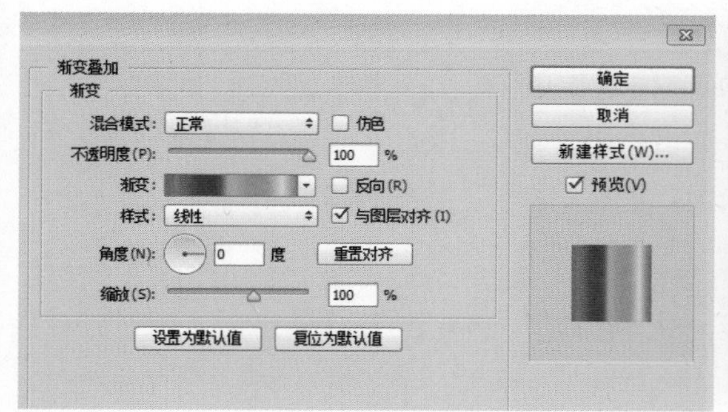

图 5-4-10　渐变叠加

图 5-4-11　修改不透明度

11. 制作倒影

给合并图层添加一个图层蒙版，用“渐变工具”做黑、白线性渐变，模拟出倒影效果，最终效果如图 5-4-12 所示。

图 5-4-12　最终效果

任务拓展

要求：制作暖色系女装宣传文字图片。

任务评价

表 5-4-1 评价表

评价内容	评价标准	分值	学生自评	教师评估
彩色文字的制作步骤	是否熟悉不同文字颜色效果的制作	35 分		
图层蒙版的运用	能否熟练使用 Photoshop CC 进行基本操作	15 分		
图层样式特效的运用	是否能使用 Photoshop CC 修饰文字样式	35 分		
情感评价	是否具备灵活运用、举一反三的能力	15 分		
学习体会				

任务五 制作渐变文字

任务目标

了解渐变文字的制作方法和步骤，独立制作渐变文字。

任务分析

在本任务中要学习渐变命令的运用，独立制作渐变背景和渐变文字。

1. 新建空白文档

选择“文件—新建”命令(快捷键“Ctrl+N”)，打开“新建”对话框，设置名称为“渐变文字”，宽度为“700 像素”，高度为“500 像素”，分辨率为“72”，颜色模式为“RGB 颜色”模式的文档，如图 5-5-1 所示。

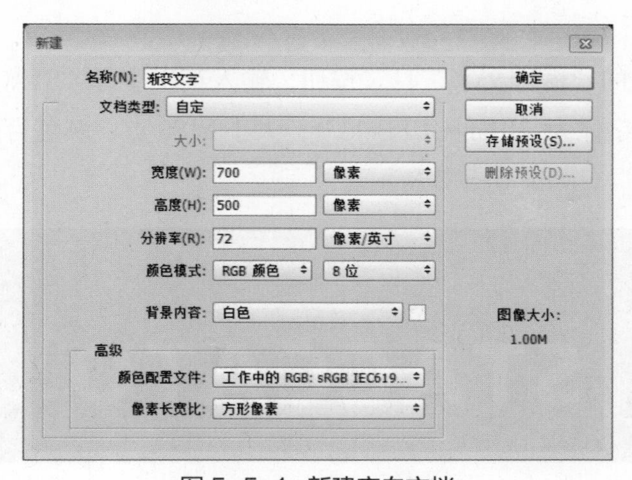

图 5-5-1 新建空白文档

2. 设置渐变背景

选择工具箱中“渐变工具” （快捷键“G”），在工具选项栏中设置为“径向渐变” ，打开渐变编辑器，一边颜色设置为紫色（R=175，G=104，B=255），一边颜色设置为蓝色（R=36，G=56，B=159），如图 5-5-2 所示。鼠标左键点住不放，拖动设置渐变效果。

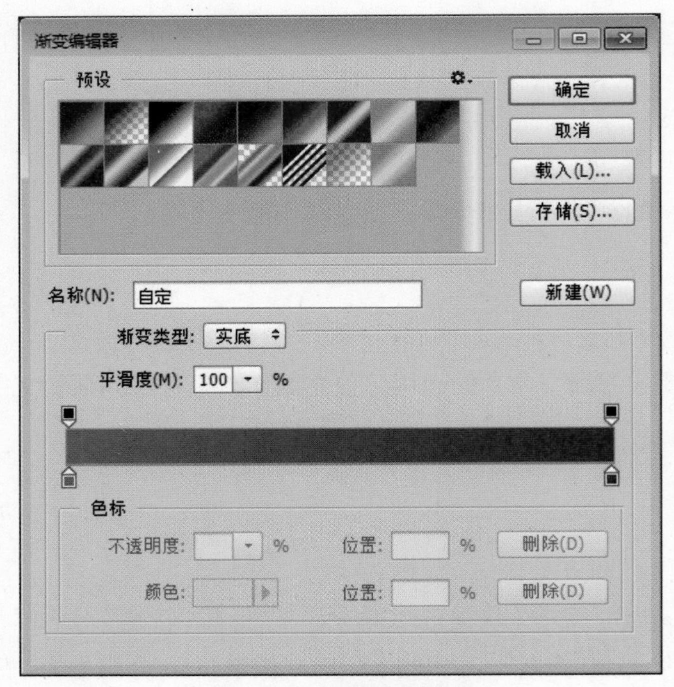

图 5-5-2 设置渐变背景

3. 输入文字

单击工具箱中的“横排文字工具”按钮，输入英文字母“STACCATO”，然后在工具选项栏上设置字体为“Khmer UI Bold”，大小为 80 点，颜色为白色，设置消除锯齿的方法为“锐利”，如图 5-5-3 所示。

图 5-5-3 输入文字

4. 设置投影

鼠标右键单击文字图层，选择“混合选项”进入“图层样式”对话框，设置投影，“混合模式”为“正片叠底”，颜色为黑色，“不透明度”为“60%”，“角度”为“60度”，勾选“使用全局光”，“距离”为“4 像素”，“扩展”为“0%”，“大小”为“16 像素”，如图 5-5-4 所示。

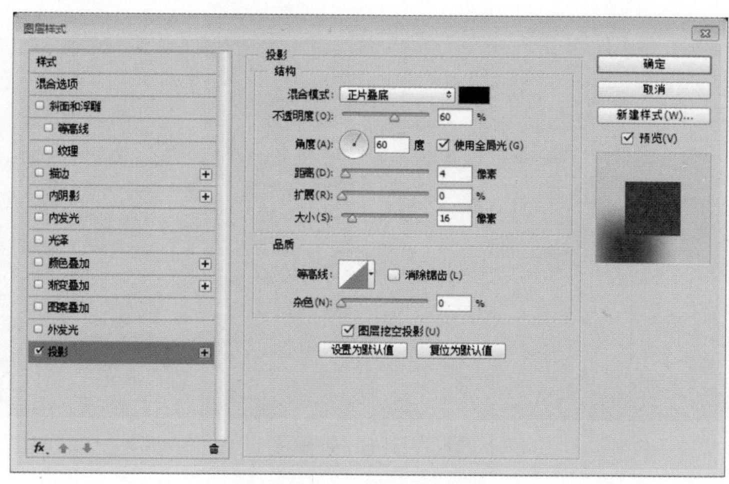

图 5-5-4 设置投影

5. 设置渐变叠加

勾选“渐变叠加”选项，设置“混合模式”为“正常”，“不透明度”为“100%”，“样式”为“线性”，勾选“与图层对齐”，“角度”为“90 度”，“缩放”为“100%”，点击“渐变”弹出渐变编辑器，设置如图 5-5-5 所示。

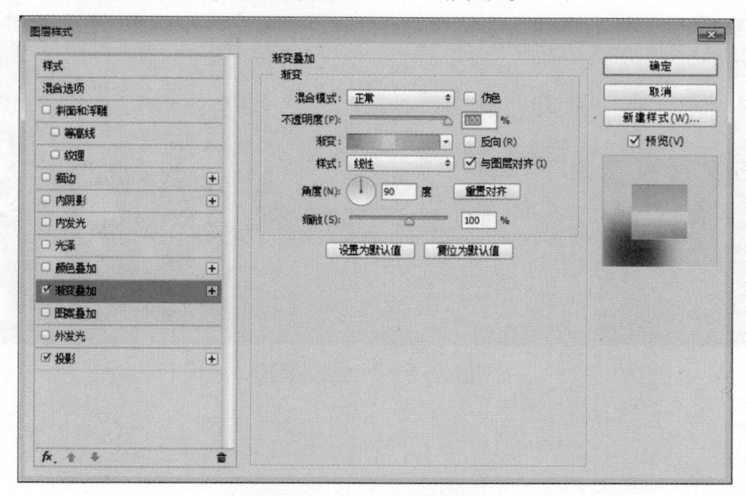

图 5-5-5 渐变叠加

6. 制作文字倒影

选择文字图层按住“Alt”键不放，按鼠标左键拖出一个“文字图层副本”，点击鼠标右键在弹出的右键对话框中，选择“栅格化文字”，并添加一个蒙版 给文字图层副本，在工具箱中选择“渐变工具”，给文字图层副本添加一个渐变，效果如图 5-5-6 所示。

图 5-5-6　效果图

7. 运用自定义形状工具

单击“创建新图层”按钮，新建一个图层，选择工具箱中的自定义形状工具，在工具选项栏中设置为“路径”模式，形状列表中选择“星星”形状，按住“Shift”键不放用鼠标左键在绘图区拖出“星星”形状，如图 5-5-7 所示。

图 5-5-7　绘制星星

8. 绘制多个星星层

用快捷键“Ctrl+Enter”将形状转换为选区，设置前景色为白色，按快捷键“Alt+Delete”填充颜色，鼠标选中“星星图层”右键点击复制多个图层，调整星星的位置与大小，合并（快捷键“Ctrl+E”）所有的星星图层为一个图层，最终效果如图 5-5-8 所示。

图 5-5-8 最终效果

任务拓展

要求：制作暖色系女装宣传文字图片。

任务评价

表 5-5-1 评价表

评价内容	评价标准	分值	学生自评	教师评估
渐变文字的制作步骤	是否熟悉渐变文字效果的制作	35 分		
图层蒙版的运用	是否了解图层蒙版的作用	25 分		
图层样式特效的运用	是否能使用 Photoshop CC 修饰文字样式	25 分		
情感评价	是否具备灵活运用、举一反三的能力	15 分		
学习体会				

任务六 制作发光文字

任务目标

在深色海报中，常常会使用发光文字来突出文字效果。熟悉发光文字的制作方法和步骤，能够利用 Photoshop CC 制作漂亮的发光文字特效。

任务分析

本任务要理解不同的文字变形运用，熟悉发光文字的制作方法和流程，从而具备独立制作发光文字的能力。

任务过程

1. 打开素材，输入文字

执行“文件—打开”命令，在弹出的对话框中选择背景素材文件，单击工具箱中的“横排文字工具” T 按钮，在其选项栏中选择合适的字体，设置文本颜色为黑色，将背景图层隐藏，如图 5-6-1 所示。

图 5-6-1 输入文字

2. 设置混合样式

选择文字图层，设置其混合模式为“减去”，此时可以看到文字被隐藏，如图 5-6-2 所示。

图 5-6-2　设置混合样式

3. 设置图层样式

单击“图层”面板底部的“添加图层样式”按钮，选择“内发光”样式，在“图层样式”对话框中，设置混合模式为“颜色减淡”、不透明度为“60%”、颜色为白色、大小为“7 像素”，单击“确定”按钮结束操作，如图 5-6-3 所示。

此时文字边缘出现微弱的霓虹光感，如图 5-6-4 所示。

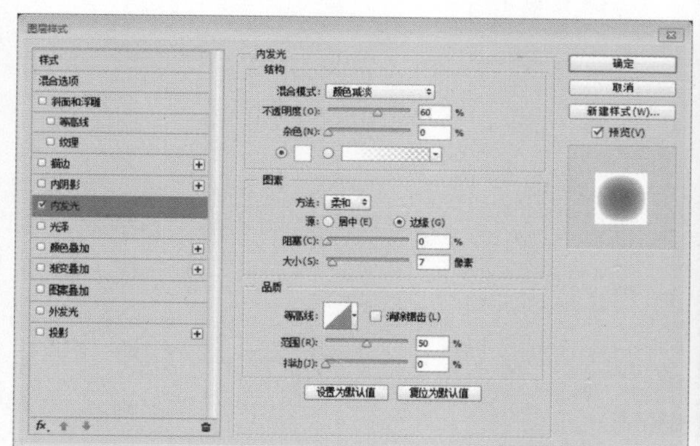

图 5-6-3　设置图层样式

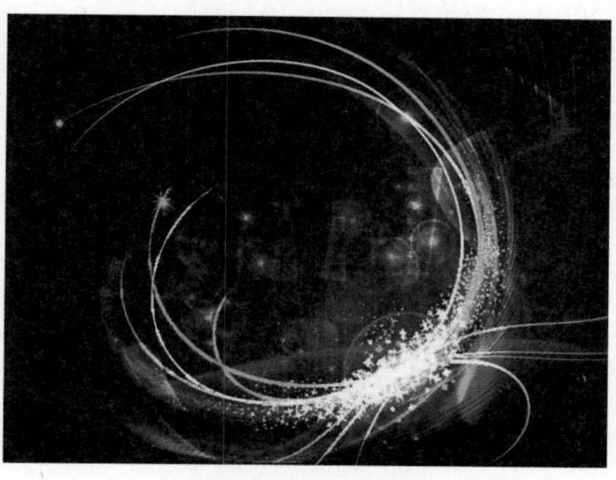

图 5-6-4　效果图

4. 复制图层

建立图层组，将文字图层放在其中，并复制文字图层使其与原图层重叠，此时可以看到文字的光感加强。选中文字图层，使用“移动工具” 并按住“Alt”键，当光标变为双箭头的形状时，单击并拖动即可复制出新的图层。重复多次操作，并且每次都将文字进行适当的移动，最终效果如图 5-6-5 所示。

图 5-6-5　最终效果

任务评价

表 5-6-1 评价表

评价内容	评价标准	分值	学生自评	教师评估
发光文字的制作步骤	是否熟悉发光文字的制作	35 分		
图层蒙版的运用	能否熟练使用 Photoshop CC 进行基本操作	25 分		
图层样式特效的运用	是否能使用 Photoshop CC 修饰文字样式	25 分		
情感评价	是否具备灵活运用、举一反三的能力	15 分		
学习体会				

任务七 制作艺术文字

任务目标

了解艺术文字的制作方法和步骤，能够运用图层蒙版制作不同花色的文字效果。

任务分析

本任务要理解文字变形命令，了解图层蒙版的应用，掌握艺术文字的制作方法。

任务过程

1. 新建空白文档

执行“文件—新建”命令，设置名称为“艺术文字”，宽度为“700像素”，高度为“500像素”，分辨率为“72”，颜色模式为RGB模式的文档，如图5-7-1所示。

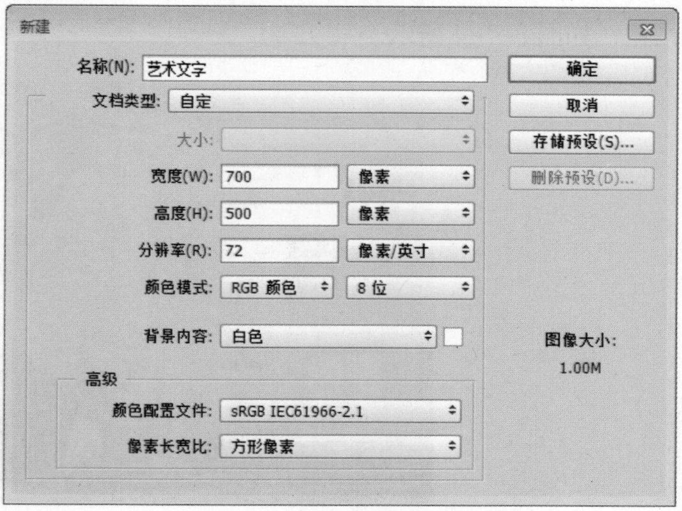

图5-7-1 新建文档

2. 输入文字

新建“文字”图层组，单击工具箱中的“横排文字工具” T 按钮，在其选项栏中选择字体，设置合适大小，“文本颜色”为黑色，分别输入“新”“品”“上”“市”，调整字体位置和角度，如图 5-7-2 所示。

3. 制作文字变形效果

选择“横排文字工具”，输入“上”，右键选择“文字—转换为形状”命令，单击工具箱中的“直接选择工具”按钮 ，对文字进行变形设置，如图 5-7-3 所示。

图 5-7-2　调整文字　　图 5-7-3　效果展示

4. 复制文字图层

复制“文字”图层组，执行合并图层组命令，载入该图层选区，隐藏“文字”图层组。

5. 导入背景素材

导入文字的图片背景素材，选择该图层，单击“图层”面板中的“添加图层蒙版”按钮，如图 5-7-4 所示。

图 5-7-4　添加图层蒙版

6. 添加发光效果

单击“图层”面板中的“添加图层样式”按钮，选择“外发光”选项，在弹出的快捷选单中设置其“颜色”为“蓝色”，“渐变方式”为“由蓝色到透明的渐变”，“扩展”为“20%”，“大小”为“90 像素”，如图 5-7-5 所示。

选择“内发光”样式，设置“不透明度”为“50%”，“杂色”为“30%”，“颜色”为黄色，“渐变方式”为“由黄色到透明的渐变”，“阻塞”为“5%”，“大小”为“21 像素”，如图 5-7-6 所示。

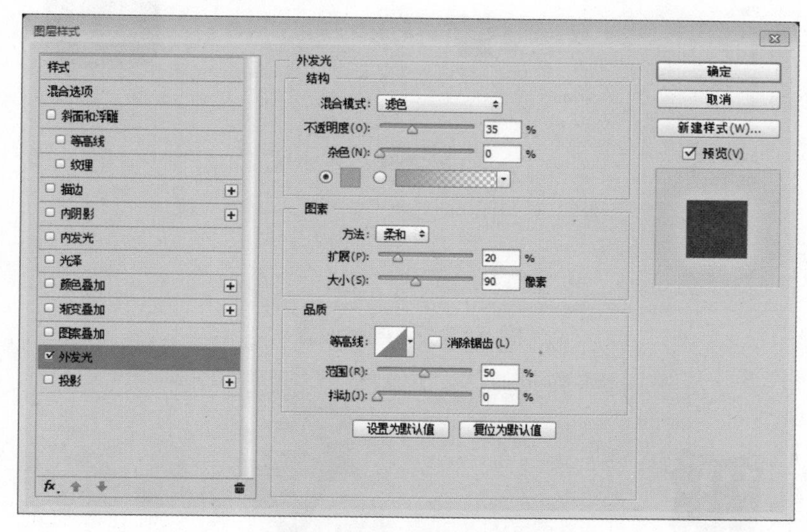

图 5-7-5　设置外发光

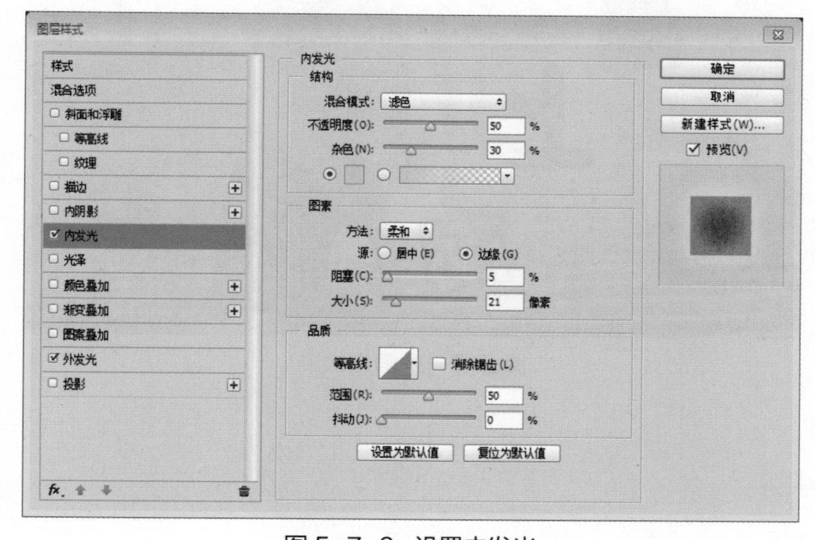

图 5-7-6　设置内发光

7. 设置描边效果

选择“描边”样式，设置“大小”为“5 像素”，“颜色”为“深绿色”，单击“确定”按钮，如图 5-7-7 所示。最终效果如图 5-7-8 所示。

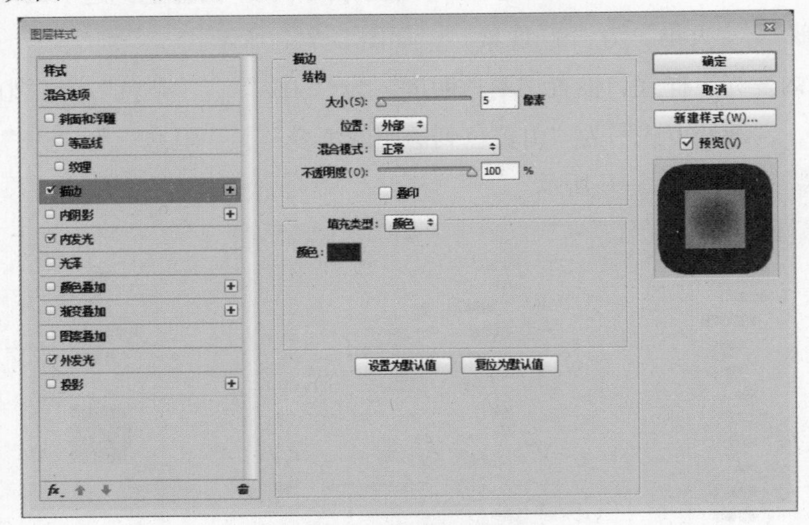

图 5-7-7　描边设置

图 5-7-8　最终效果

任务拓展

要求：制作女装春季上新海报。

任务评价

表 5-7-1 评价表

评价内容	评价标准	分值	学生自评	教师评估
文字变形的制作步骤	是否熟悉文字变形的制作方法	35 分		
图层蒙版的运用	是否了解图层蒙版的作用	25 分		
图层样式特效的运用	能否使用 Photoshop CC 修饰文字样式	25 分		
情感评价	是否具备灵活运用、举一反三的能力	15 分		
学习体会				

项目六

网店 LOGO 及店铺元素

很多新手卖家感觉装修网店店铺是件很头疼的事情，不知道如何装修好看，装修市场那么多好看的模板，但价格一个比一个贵，都要几十块几百块，作为一个新手卖家，本来店铺就没什么生意，还要花那么多钱去买模板，心里总有点不是滋味。学习了本项目就能够对网店 LOGO 及店铺元素有一个初步的认识，自己设计出好看的模板。

知识目标

（1）熟悉 Photoshop CC 界面。

（2）理解 LOGO 的作用与制作。

（3）掌握店铺公告的制作方法。

（4）理解商品促销区在整个网店里的作用。

能力目标

（1）能独立制作静态 LOGO。

（2）能独立制作动态 LOGO。

（3）能独立制作商品分类。

（4）能独立制作店铺公告。

（5）能独立制作商品描述模板。

（6）能独立制作商品促销区。

情感目标

（1）培养分析问题、解决问题的能力。

（2）培养审美能力，制作出既美观又有内涵的网店 LOGO。

任务一　制作静态 LOGO

任务目标

知道静态 LOGO 的制作方法和步骤，能够利用 Photoshop CC 独立制作静态 LOGO。

任务分析

本任务要了解静态 LOGO 的作用，熟悉静态 LOGO 的制作方法和流程，从而具备独立制作静态 LOGO 的能力。

任务过程

1. 新建空白文档

执行“文件—新建”命令，新建一个 400 像素 ×200 像素的空白文档，如图 6-1-1 所示。

图 6-1-1　新建空白文档

2. 设置文字格式

在工具箱中单击“文字工具”按钮，设置选项栏属性。设置字体为“华文琥珀”，字体大小为“70 像素”，消除锯齿方法为“平滑”，文本颜色为红色，输入“爱心饰品”创建文字图层，如图 6-1-2 所示。

图 6-1-2　输入文字内容

3. 下载桃心图片

在网上搜索下载一张桃心图片，将图片保存到本地文件夹中，执行“文件—打开”命令，如图 6-1-3 所示。

图 6-1-3　打开图片

4. 移动桃心

在工具箱中单击“魔棒工具”按钮，在图像上选择背景单击，再执行“选择—反选”命令，这时将桃心选中，然后在工具箱中单击“移动工具”按钮，将鼠标移动到选区内，此时，将桃心图像移动到“爱心饰品”文字图片中去，如图 6-1-4 所示。

图 6-1-4　移动桃心

5. 更改桃心颜色

将桃心图像缩小到合适大小，在“图层”面板中单击“添加图层样式”按钮，在弹出的快捷选单中选择“颜色叠加”命令，颜色值与文字颜色一致，如图 6–1–5 所示。

图 6–1–5　更改桃心颜色

6. 删除心字

在“图层”面板中选中“爱心饰品”文字图层，在工具箱中单击“文本工具”按钮，将“心”字删除，如图 6–1–6 所示。

图 6–1–6　删除“心”字

7. 移动桃心

在“图层”面板中选中“爱心饰品”文字图层，在工具箱中单击“文本工具”按钮，将“饰品”文字往右移动，然后选择“桃心”图层，利用移动工具将桃心放在“爱”与“饰”字的中间，这样一款简单的静态 LOGO 就制作完成了，如图 6–1–7 所示。

图 6–1–7　移动桃心

任务拓展

要求：登录淘宝网仔细观察 1 ～ 2 个店铺的静态 LOGO，独立完成静态 LOGO 的制作。

任务评价

表 6-1-1 评价表

评价内容	评价标准	分值	学生自评	教师评估
静态 LOGO 的制作步骤	是否熟悉静态 LOGO 的制作步骤	35 分		
建立选区，填充颜色	能否熟练使用 Photoshop CC 进行基本操作	25 分		
添加图层样式特效	能否使用 Photoshop CC 对静态 LOGO 进行修饰	25 分		
情感评价	是否具备分析问题、解决问题的能力	15 分		
学习体会				

任务二 制作动态 LOGO

任务目标

知道动态 LOGO 的制作方法和步骤，能够利用 Photoshop 独立制作动态 LOGO。

任务分析

本任务要了解动态 LOGO 的作用，熟悉动态 LOGO 的制作方法和流程，从而具备独立制作动态 LOGO 的能力。

任务过程

1. 打开图片

执行“文件→打开”命令，打开已经做好的静态 LOGO 图片，如图 6-2-1 所示。

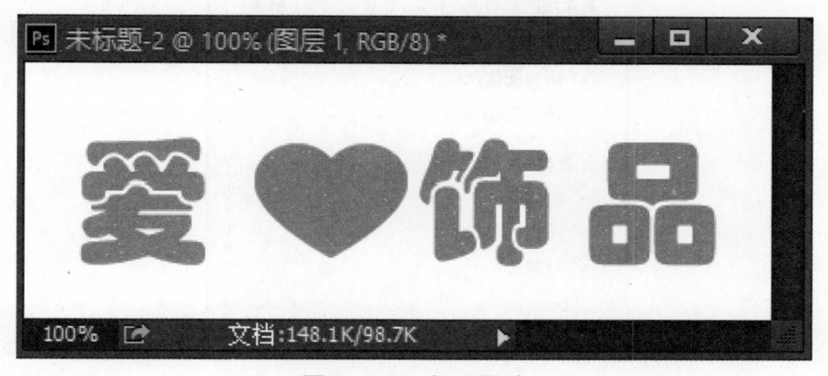

图 6-2-1 打开图片

2. 打开“时间轴”面板

执行“窗口→时间轴”命令，弹出“时间轴”面板，如图 6-2-2 所示。

图 6-2-2 时间轴面板

3. 创建动画

在“时间轴”面板中，单击“创建帧动画”按钮，如图 6-2-3 所示。

图 6-2-3　创建帧动画

4. 复制帧

在“时间轴”面板中，单击“复制所选帧”按钮，如图 6-2-4 所示。

图 6-2-4　复制帧

5. 过渡动画帧

将第 1 帧的不透明度设置为“10%”，第 2 帧的不透明度设置为“100%”，然后点击“时间轴”面板上的“过渡动画帧”按钮，弹出“过渡”对话框，参数设置如图 6-2-5 所示。

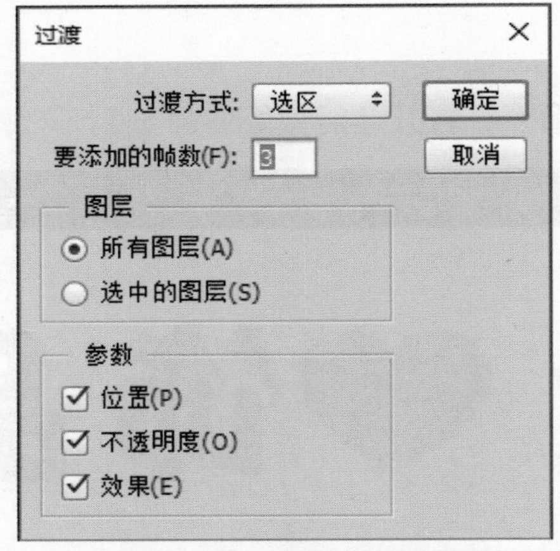

图 6-2-5　“过渡”对话框

6. 设置帧延迟时间

按“Ctrl”键，然后点击帧 1、帧 2、帧 3、帧 4、帧 5，把这 5 个帧全部选中，将所有帧的延迟时间设置为 0.2 秒，如图 6-2-6 所示。

图 6-2-6　设置帧延迟时间

7. 存储

执行“文件—导出—存储为 Web 所用格式”命令，弹出“存储为 Web 所用格式”对话框，如图 6-2-7 所示，在该对话框中设置循环选项为“永远”，最后点击“存储”按钮。

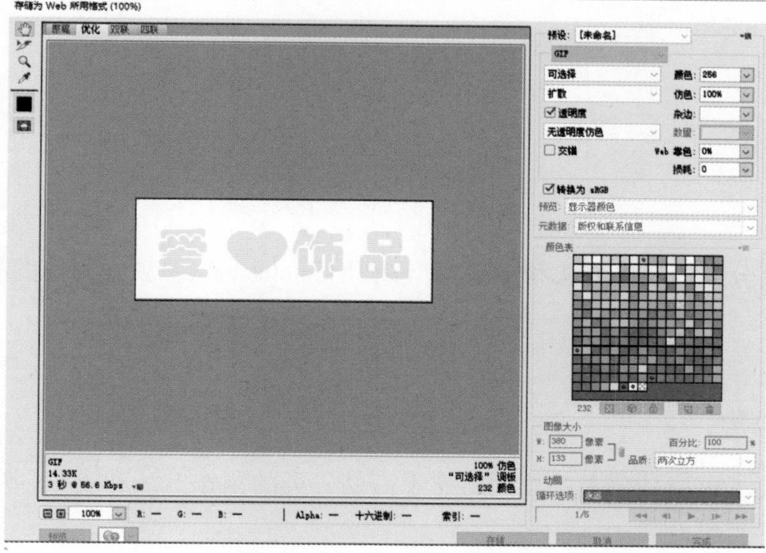

图 6-2-7　“存储”对话框

任务拓展

要求：登录淘宝网仔细观察 1 ~ 2 个店铺的动态 LOGO，独立完成动态 LOGO 的制作。

任务评价

表 6-2-1　评价表

评价内容	评价标准	分值	学生自评	教师评估
动态 LOGO 的制作步骤	是否熟悉动态 LOGO 的制作步骤	35 分		
添加图层样式特效	是否能使用 Photoshop CC 对 LOGO 进行修饰	20 分		
帧的添加、编辑	是否能使用 Photoshop CC 对帧进行编辑、操作	30 分		
情感评价	是否具备分析问题、解决问题的能力	15 分		
学习体会				

任务三 制作商品分类

任务目标

知道商品分类的制作方法和步骤，能够利用Photoshop CC独立制作商品分类。

任务分析

本任务要了解商品分类的作用，熟悉商品分类的制作方法和流程，从而具备独立制作商品分类的能力。

任务过程

1. 打开素材

执行“文件—打开”命令，打开分类图片，如图 6-3-1 所示。

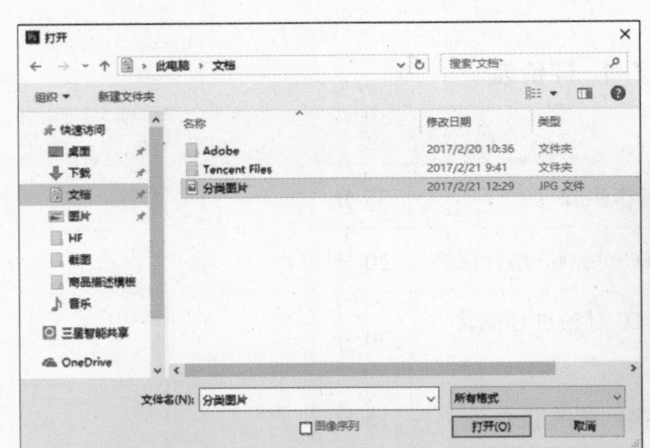

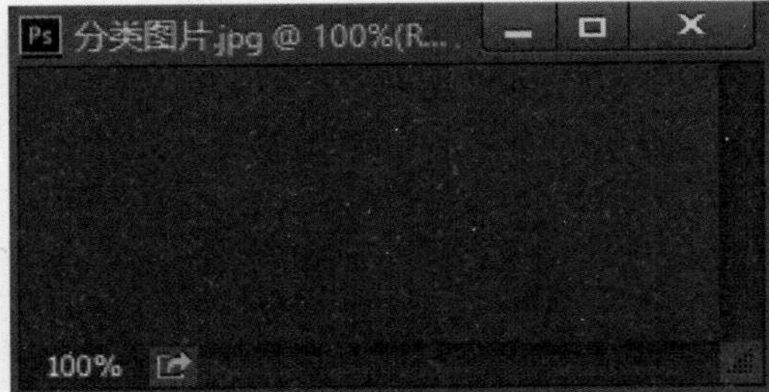

图 6-3-1 打开图片

2. 输入文字

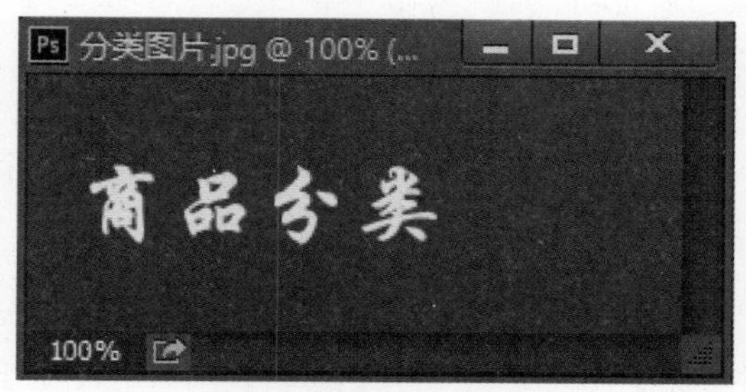

图 6-3-2　输入文字

在工具箱中单击“文字工具”按钮，设置选项栏属性。设置字体为“华文行楷”，字体大小为“36 像素”，消除锯齿方法为“平滑”，文本颜色为白色，输入“商品分类”，创建文字图层，如图 6-3-2 所示。

3. 添加图层样式

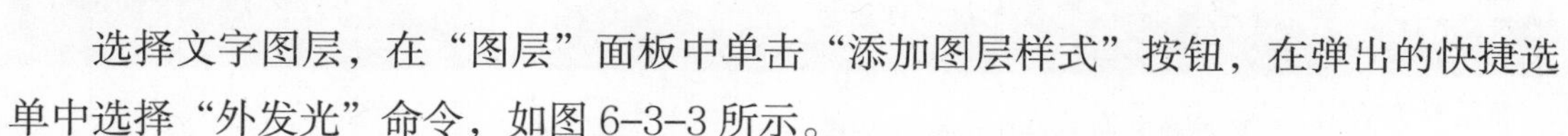

选择文字图层，在“图层”面板中单击“添加图层样式”按钮，在弹出的快捷选单中选择“外发光”命令，如图 6-3-3 所示。

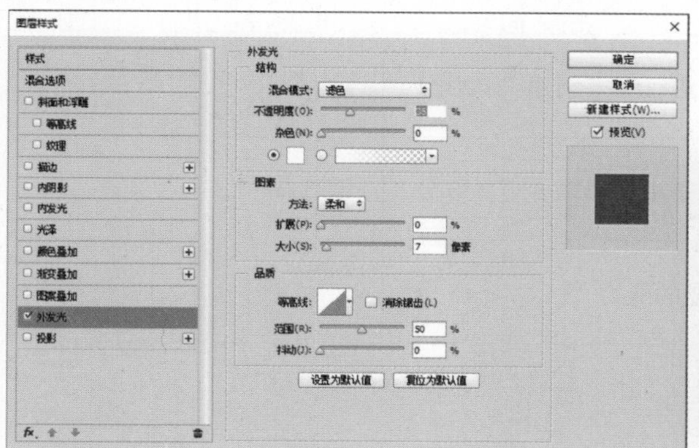

图 6-3-3　添加图层样式

4. 保存文件

执行“文件—存储为”命令，在弹出的“另存为”对话框中选择保存格式为 PSD，如图 6-3-4 所示。PSD 格式能完整地保存各个图层的信息，这样以后只需打开保存的商品分类图片，更改文字信息就可以了。

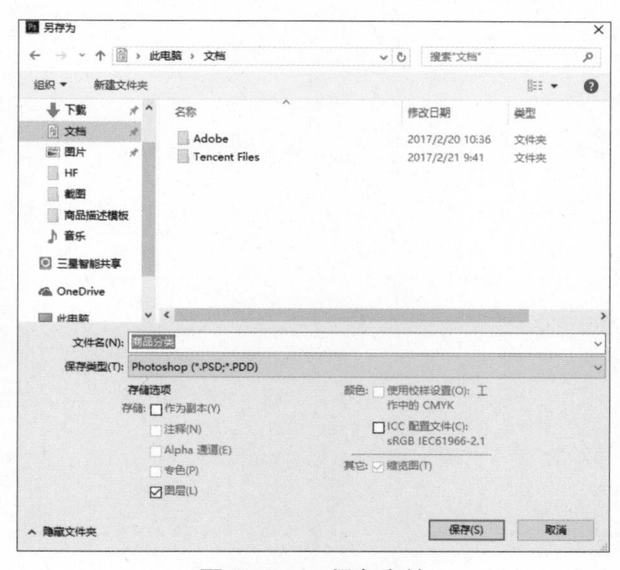

图 6-3-4　保存文件

任务拓展

要求：登录淘宝网仔细观察 1 ~ 2 个店铺的商品分类，独立完成商品分类的制作。

任务评价

表 6-3-1 评价表

评价内容	评价标准	分值	学生自评	教师评估
商品分类的制作步骤	是否熟悉商品分类的制作步骤	35 分		
文字的创建	能否熟练使用 Photoshop CC 进行文字创建	20 分		
添加图层样式特效	能否使用 Photoshop CC 对文字进行修饰	30 分		
情感评价	是否具备分析问题、解决问题的能力	15 分		
学习体会				

任务四 制作店铺公告

任务目标

知道店铺公告的制作方法和步骤，能够利用 Photoshop CC 独立制作店铺公告。

任务分析

本任务要了解店铺公告的作用，熟悉店铺公告的制作方法和流程，从而具备独立制作店铺公告的能力。

任务过程

1. 打开图片

执行“文件—打开”命令，打开一张自己中意的图片，也可以自己动手绘制，但要和网店主体风格一致，如图 6-4-1 所示。

图 6-4-1 打开图片

2. 设置图像大小

店铺公告只限制宽度，小于等于 750 像素，高和大小无限制，可根据需要设置。执行“图像—图像大小”命令，如图 6-4-2 所示。

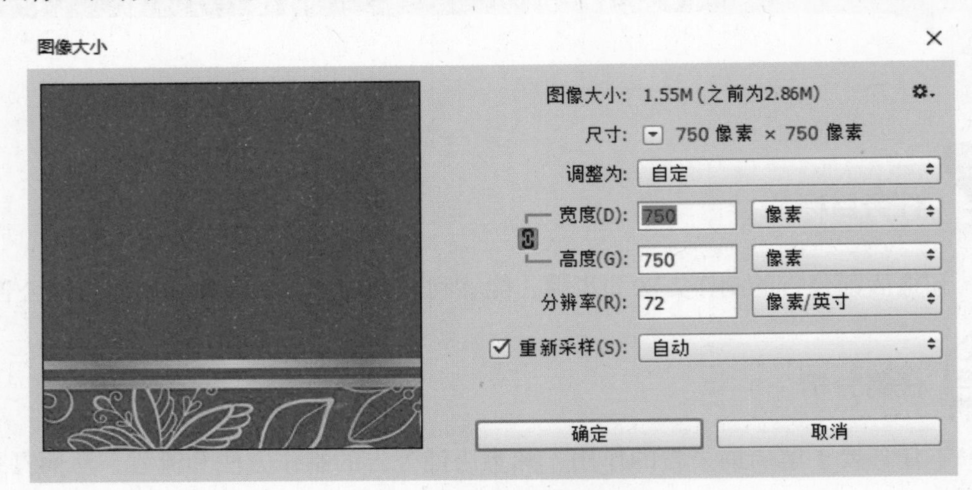

图 6-4-2 设置图像大小

3. 制作公告内容

在工具箱中单击“文本工具”按钮，在图片的中间写上公告内容，如果想修改字体、大小、颜色，先选中文字，然后在编辑区中进行修改，如图 6-4-3 所示。

图 6-4-3 制作公告内容

任务拓展

要求：登录淘宝网仔细观察 1 ~ 2 个店铺的公告内容，独立完成公告内容的制作。

任务评价

表 6-4-1　评价表

评价内容	评价标准	分值	学生自评	教师评估
公告内容的制作步骤	是否熟悉公告内容的制作步骤	45 分		
添加文字效果	是否能使用 Photoshop CC 对文字进行修饰	35 分		
情感评价	是否具备分析问题、解决问题的能力	20 分		
学习体会				

任务五 制作商品描述模板

任务目标

知道商品描述模板的制作方法和步骤，能够利用Photoshop独立制作商品描述模板。

任务分析

本任务要了解商品描述模板的作用，熟悉商品描述模板的制作方法和流程，从而具备独立制作商品描述模板的能力。

任务过程

1. 新建空白文档

打开 photoshop CC 软件，执行“文件—新建”命令，新建一个 800 像素 ×900 像素的模板页面（宽度最好不要超过 1000 像素，长度根据需要设置），如图 6-5-1 所示。

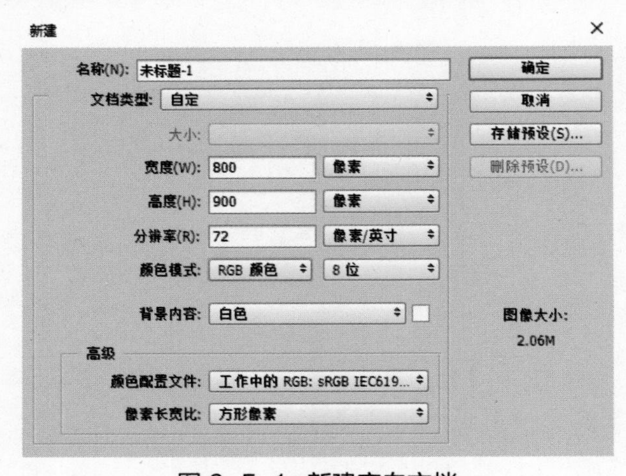

图 6-5-1 新建空白文档

图 6-5-2 打开图片

2. 打开素材图片

执行“文件—打开”命令，打开需要的素材作为模板顶部的图案，如图 6-5-2 所示。

3. 移动图片

选择工具箱中的“移动工具”，用“移动工具”将图片拖动到之前新建的模板里，并调整好位置，如图 6-5-3 所示。

图 6-5-3 移动图片

4. 绘制矩形框

选择工具箱中的“矩形选框工具”，在素材图案下拉出合适的矩形框，如图 6-5-4 所示。

图 6-5-4　绘制矩形框

图 6-5-5　填充颜色

5. 填充颜色

选择工具箱中的“吸管工具”，在图片背景上吸取颜色，将前景色改为与图片背景相同的颜色，再按“Alt+Delete”组合键将吸取的颜色填充到矩形框中，如图 6-5-5 所示。

图 6-5-6　添加文字

6. 添加文字

在工具箱中单击“文本工具”按钮，在图片的合适位置添加文字，如图 6-5-6 所示。

7. 保存商品描述模板

执行“文件—存储为”命令，在弹出的“另存为”对话框中选择保存格式为 JPEG，然后在“JPEG 选项”对话框中选择图像品质后，单击“确定”按钮，如图 6-5-7 所示。

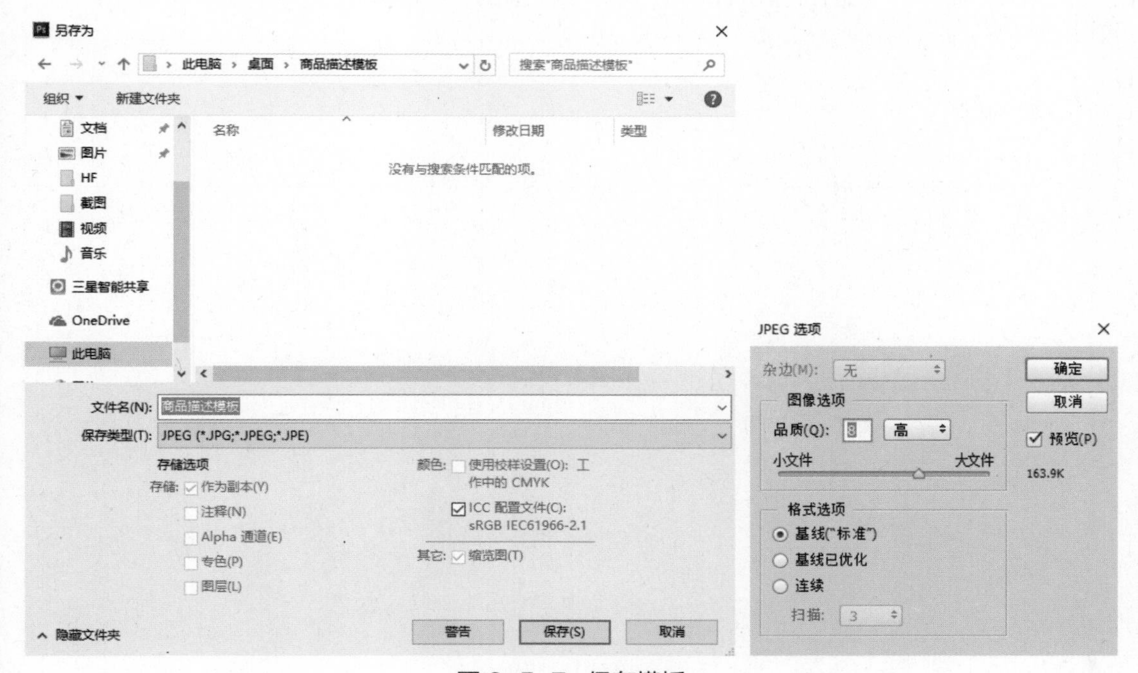

图 6-5-7　保存模板

任务拓展

要求：登录淘宝网仔细观察 1 ～ 2 个店铺的商品描述模板，独立完成商品描述模板的制作。

任务评价

表 6-5-1　评价表

评价内容	评价标准	分值	学生自评	教师评估
商品描述模板的制作步骤	是否熟悉商品描述模板的制作步骤	35 分		
建立选区，填充颜色	能否熟练使用 Photoshop CC 进行基本操作	25 分		
添加文字效果	是否能使用 Photoshop CC 对文字进行修饰	25 分		
情感评价	是否具备分析问题、解决问题的能力	15 分		
学习体会				

任务六　制作商品促销区

任务目标

知道商品促销区的制作方法和步骤，能够利用 Photoshop CC 独立制作商品促销区。

任务分析

本任务要了解商品促销区的作用，熟悉商品促销区的制作方法和流程，从而具备独立制作商品促销区的能力。

任务过程

1. 新建空白文档

执行“文件—新建”命令，新建一个 800 像素 ×600 像素的空白文档，如图 6-6-1 所示。

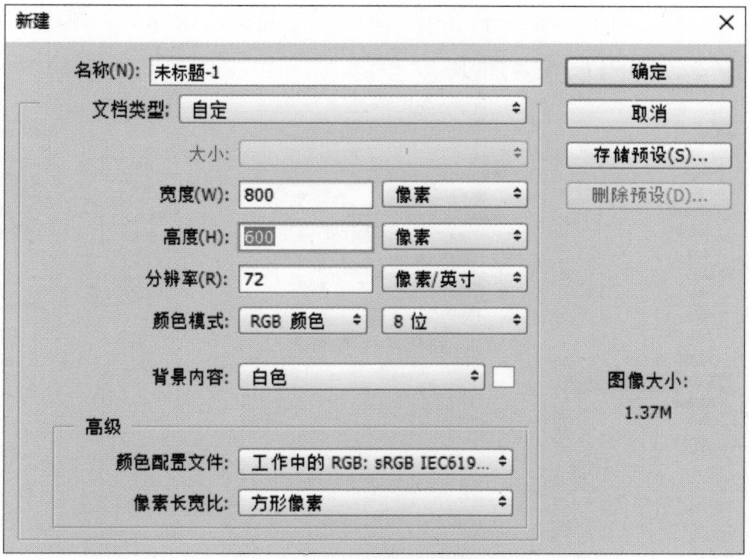

图 6-6-1　新建空白文档

2. 将背景图层转换为普通图层

选择“图层”面板，双击背景图层缩略图，在弹出的“新建图层”对话框中，点击确定按钮，如图 6-6-2 所示。

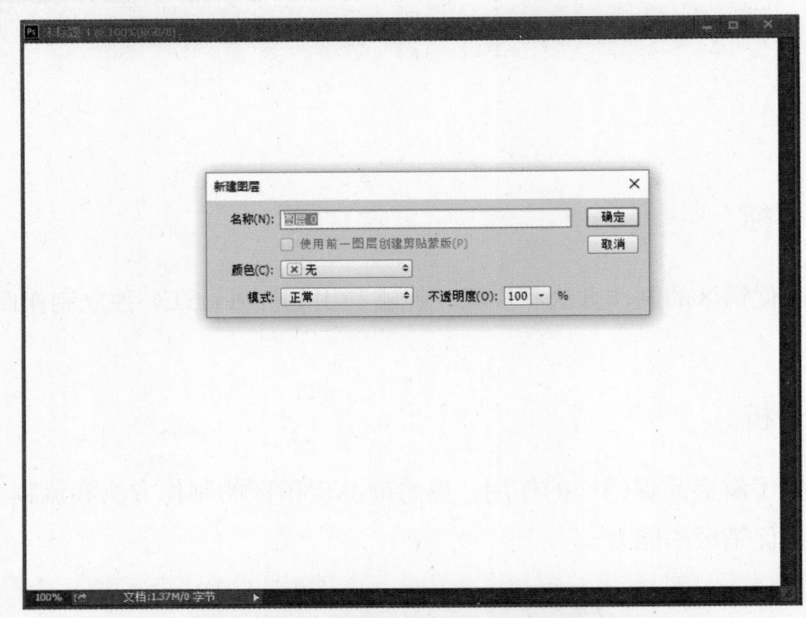

图 6-6-2 将背景图层转换为普通图层

3. 添加图层样式

在“图层”面板中单击“添加图层样式”按钮，在弹出的快捷选单中选择“渐变叠加”命令，如图 6-6-3 所示。

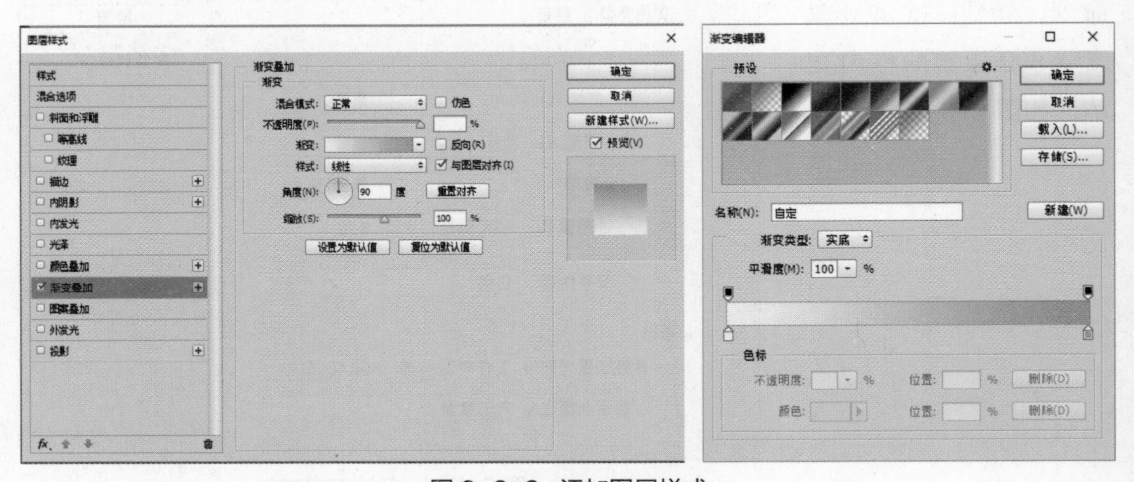

图 6-6-3 添加图层样式

4. 绘制花的形状

在工具箱中单击“自定义形状工具”按钮，在属性栏中选择“花 1 边框”形状，绘制出花的形状，如图 6-6-4 所示。

图 6-6-4 绘制花的形状

5. 复制花

按住“Alt”键的同时单击工具箱中的“移动工具”按钮，复制出另外三朵花，如图 6-6-5 所示。

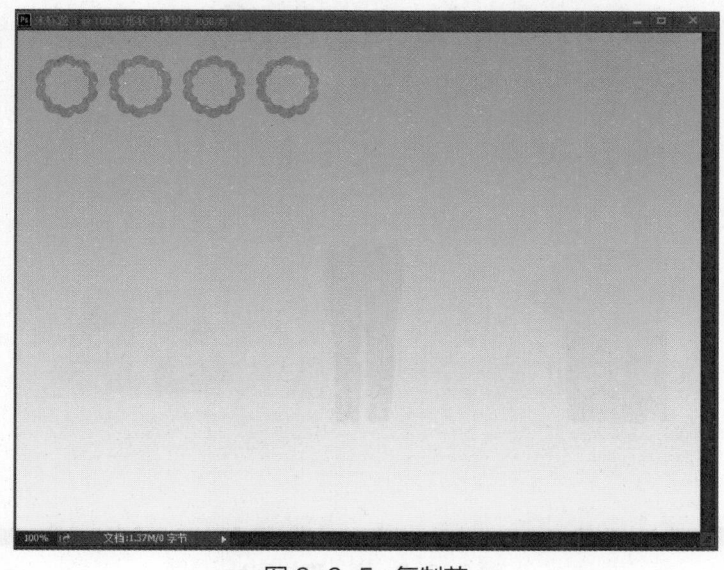

图 6-6-5 复制花

6. 添加文字

在工具箱中单击“文本工具”按钮，在图片的合适位置添加文字，如图 6-6-6 所示。

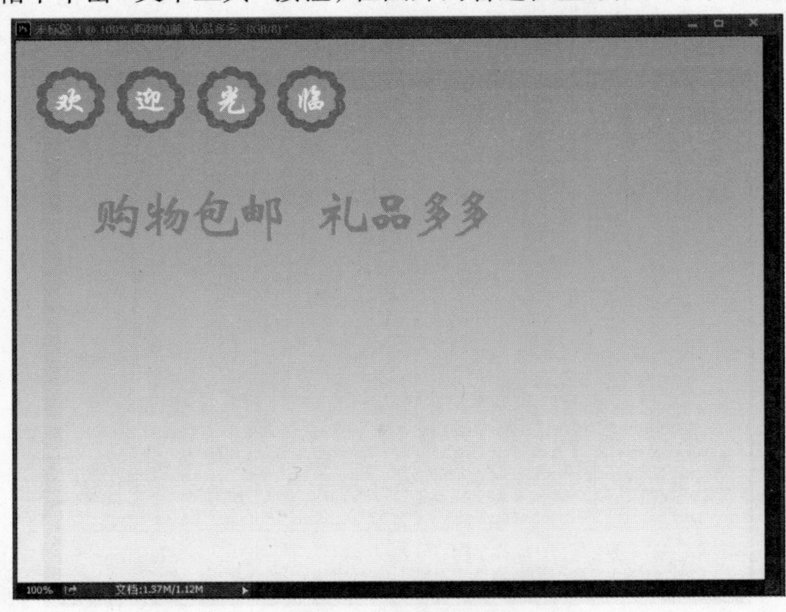

图 6-6-6 添加文字

7. 插入素材图片

执行“文件—打开”命令，打开素材图片，把图片放在合适位置，如图 6-6-7 所示。

图 6-6-7 插入素材图片

8. 商品介绍

在工具箱中单击“圆角矩形工具”按钮，在素材图片下方对应位置画上圆角矩形，并输入商品名称和价格，如图 6-6-8 所示。

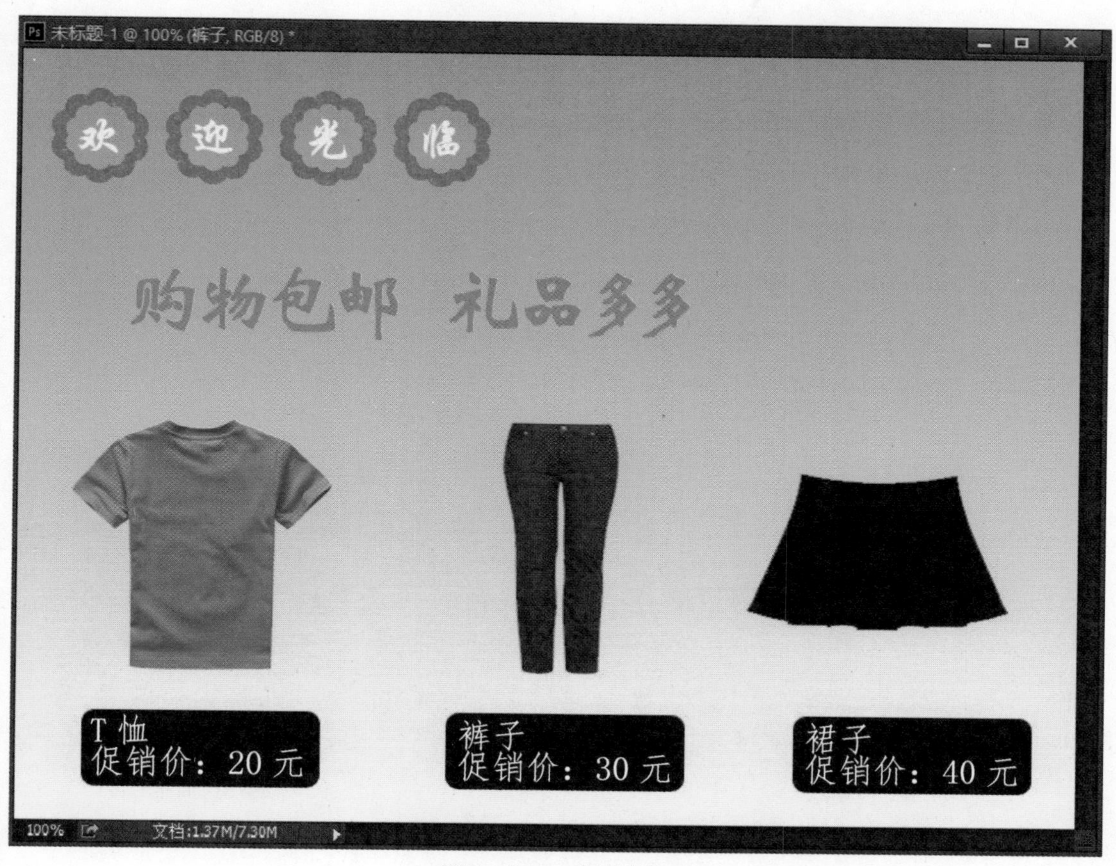

图 6-6-8　商品介绍

任务拓展

要求：登录淘宝网仔细观察 1 ~ 2 个店铺的商品促销区，独立完成商品促销区的制作。

任务评价

表 6-6-1 评价表

评价内容	评价标准	分值	学生自评	教师评估
商品促销区的制作步骤	是否熟悉商品促销区的制作步骤	35 分		
添加形状	能否熟练使用 Photoshop CC 添加形状	25 分		
添加文字效果	能否使用 Photoshop CC 对文字进行修饰	25 分		
情感评价	是否具备分析问题、解决问题的能力	15 分		
学习体会				

项目七

网店店铺设计实战（服装类网店）

在所有的淘宝网店中，服装网店是最常见的。网上服装店的竞争相当激烈。想要在这么多的网店中脱颖而出不是一件容易的事情，所以设计出有个人特色、精美有内涵的网店是必须的。网店基础模块包括店铺招牌、导航栏、宝贝分类、商品展示区、推荐宝贝区和推广区。学习了本项目能够对装修淘宝网店有一个初步的认识。

知识目标

（1）认识店铺的布局。
（2）了解店铺的风格。
（3）学习不同店铺的装修、排版。

能力目标

（1）能制作网店店标。
（2）能制作店铺分类栏。
（3）能制作商品展示区。
（4）能制作细节展示区。
（5）能合并为完整商品页面。

情感目标

（1）培养学生分析问题、解决问题的能力。
（2）培养学生的审美能力，制作出既美观又有内涵的网店。

任务一　制作店铺招牌

任务目标

知道网店招牌的制作方法和步骤，能够利用 Photoshop 独立制作网店的招牌。

任务分析

网店招牌是给买家的第一印象 ，所以要做的很好，最主要的是凸显网店的名称、品牌、商标。另外招牌的侧重位置要放置产品类型、经营产品的种类等，网店招牌是告诉买家你的商铺名字和产品。

任务过程

1. 材料准备

（1）品牌的商标；（2）适合的产品图片；（3）底图的选择；（4）广告语等。

2. 新建文件

启动 Photoshop CC 程序，新建一个宽度为 950 像素，高度为 150 像素的文件。（此尺寸为淘宝店的标准尺寸，如图 7-1-1 所示）

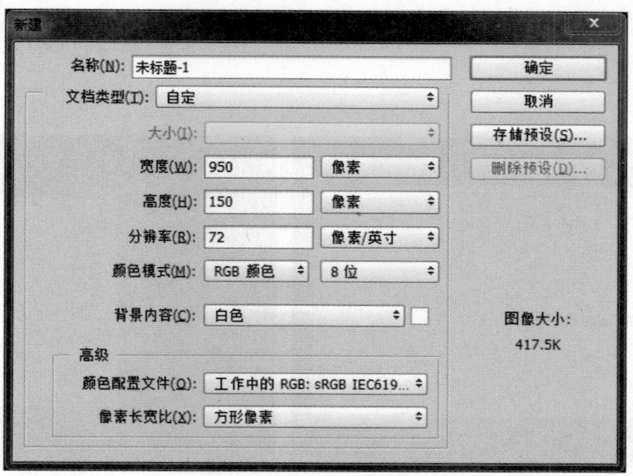

图 7-1-1　新建文件

3. 导入准备的素材

打开素材文件“背景 .jpg”“西服 .png”，将素材图片放置到新建文件当中去，如图 7-1-2 所示。

4. 编辑文字内容

把店铺完整的名称、广告语都输入到页面中去，如图 7-1-3 所示。对文字的编辑应考虑以下 3 个方面：（1）文字与背景颜色对比鲜明；（2）字体尽量使用较粗的字体，这样会让店铺名称更加突出；（3）品牌和产品的信息要传达到位。

5. 排版、色彩、细节的合理处理

根据内容的重要程度适当调整文字、图形的大小、位置，把重要的内容调整到最大，放置在画面最显眼的位置。为了让文字更加突出，可以给文字添加描边，或者进行图层样式调整（渐变叠加、外发光），如图 7-1-4，7-1-5 所示。

图 7-1-2　导入素材并修改

图 7-1-3　编辑文字内容

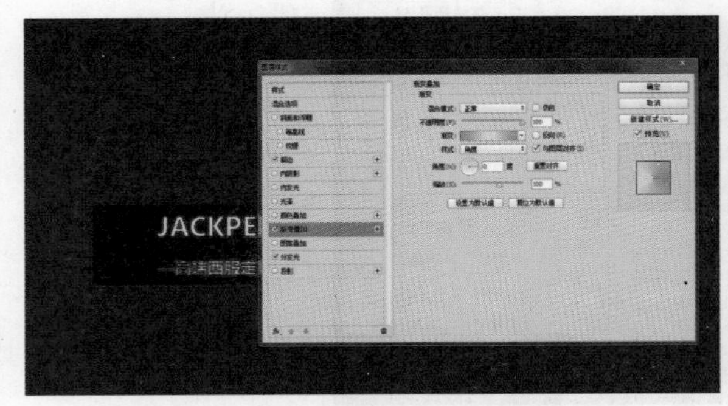

图 7-1-4　图层样式调整（渐变叠加）

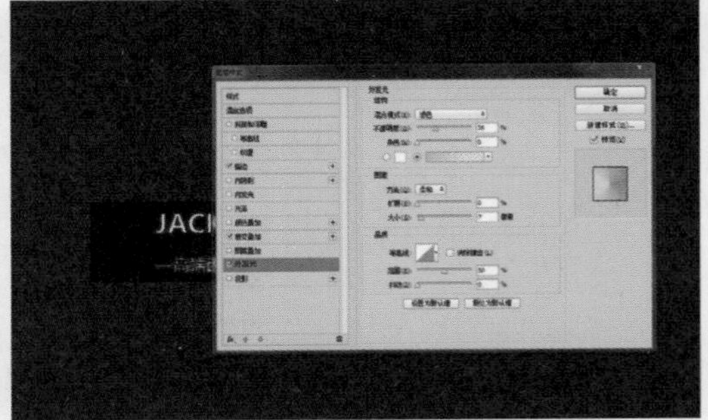

图 7-1-5　图层样式调整（外发光）

6. 保存图片

图片完成之后，选择所有图层，按“Ctrl+E”组合键合并所有图层并保存为 JPG 格式图片，最后效果如图 7-1-6 所示。

图 7-1-6　最终效果图

任务拓展

要求：登录淘宝网仔细观察 1 ~ 2 个店铺的招牌样式，独立完成淘宝网店（服装类）的店铺招牌的制作。

任务评价

表 7-1-1　评价表

评价内容	评价标准	分值	学生自评	教师评估
店铺招牌的制作步骤	是否熟悉店铺招牌的制作步骤	35 分		
导入素材、添加文字	能否熟练使用 Photoshop CC 进行基本操作	25 分		
添加图层样式特效	是否能使用 Photoshop CC 对店铺招牌进行修饰	25 分		
情感评价	是否具备分析问题、解决问题的能力	15 分		
学习体会				

任务二 制作店铺商品描述

任务目标

知道网店商品描述的内容，了解商品描述的制作方法和步骤，能够利用 Photoshop CC 独立制作网店的商品描述。

任务分析

商品描述是在商品详情页中首先会被顾客看到的内容，对顾客喜不喜欢这件商品，是否愿意将商品详情页看完并最终购买，起着非常重要的作用。在设计商品详情这一部分内容的时候，要充分考虑到这一点，并尽可能地将能反映商品特性的内容放置在这一块，吸引顾客继续查看完整的商品详情页。由于是服装类商品，商品详情内容应包含商品主体、产品信息（面料、尺码等）内容。

任务过程

1. 制作商品详情分类条

在新建画布后，在图层面板上新建一个组，组名为“分类条”。接着，在组内新建一个图层，绘制一个矩形框，并填充黑色；再新建一个图层，利用“直线工具”绘制一条白色的直线，并复制一份，适当调整位置；最后输入“商品详情”字样。效果如图 7-2-1 所示。

商品详情

图 7-2-1 商品详情分类条

2. 商品主体展示

在“图层”面板新建一个组，组名为“商品主体”。在组内新建一个图层，在分类条的下方绘制一个白色矩形，并设置其图层样式为“外发光”“投影”，参数设置如图 7-2-2，7-2-3 所示。

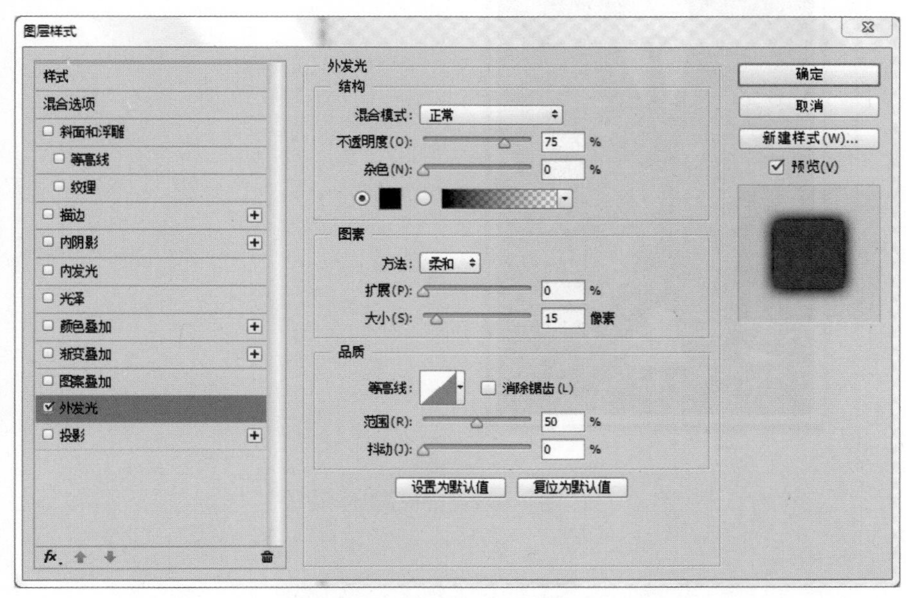

图 7-2-2　图层样式（外发光）

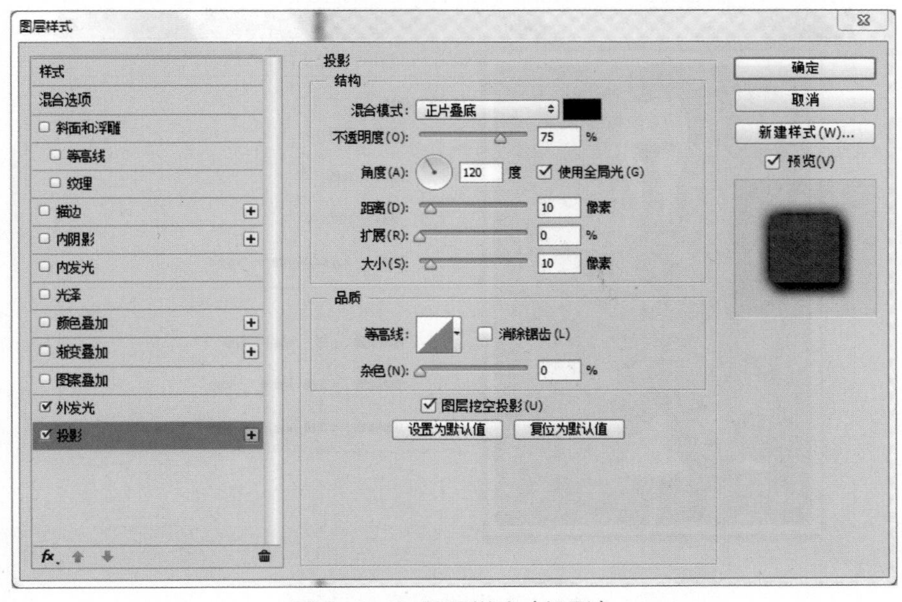

图 7-2-3　图层样式（投影）

打开素材图片“西服主体 .jpg”，并将其拖入白色矩形的上方，创建剪贴蒙版，并调整该图片的大小，让其适应白色矩形框的大小，效果如图 7-2-4 所示。

图 7-2-4　商品主体图

3. 产品信息栏设计

根据产品的相关信息，在商品主体图旁边设计一个产品信息栏，如图 7-2-5 所示。

图 7-2-5　商品详情完成图

4. 尺码展示设计

作为服装类商品，尺码的说明非常重要，它关乎顾客能否买到合身的服装。因此在商品描述页当中，尺码展示部分是必不可少的，同时也要求尺码的展示必须客观、准确。通常服装的尺码都会以表格的方式呈现，不同的服装，尺码也会有一定的差异，为了方便修改，可以先通过 Excel 表格将尺码表做好排版，再复制到 Photoshop CC 中进行处理。

5. 制作尺码分类条

在本任务开始的时候，已经设计好了一个分类条，现在要从上一活动中将“分类条”组拖动到新的画布中，进行位置的调整及文字的更改，如图 7-2-6 所示。

尺码展示

图 7-2-6　尺码分类条

6. 尺码表的制作

根据产品的尺码信息，打开 Microsoft Office 系列的 Excel 表格工具，进行格式的排版设计。

7. 尺码展示页面设计

将在 Excel 中经过排版的表格选中并复制，在 Photoshop CC 中进行粘贴，生成一个新的图层，调整图与表格的位置。由于服装的测量通常是手工测量，数据可能存在一定的偏差，在设计图上需要加以说明，如图 7-2-7 所示。

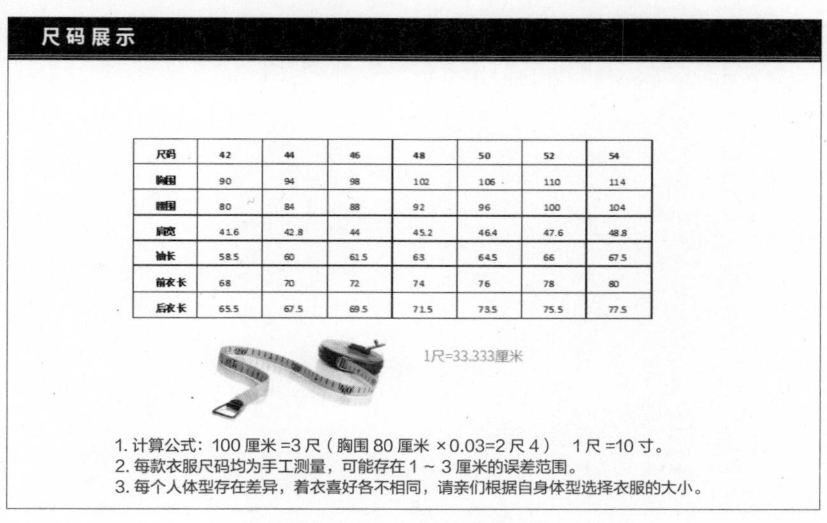

尺码展示

尺码	42	44	46	48	50	52	54
胸围	90	94	98	102	106	110	114
腰围	80	84	88	92	96	100	104
肩宽	41.6	42.8	44	45.2	46.4	47.6	48.8
袖长	58.5	60	61.5	63	64.5	66	67.5
前衣长	68	70	72	74	76	78	80
后衣长	65.5	67.5	69.5	71.5	73.5	75.5	77.5

1尺=33.333厘米

1. 计算公式：100 厘米 =3 尺（胸围 80 厘米 ×0.03=2 尺 4）　1 尺 =10 寸。
2. 每款衣服尺码均为手工测量，可能存在 1 ~ 3 厘米的误差范围。
3. 每个人体型存在差异，着衣喜好各不相同，请亲们根据自身体型选择衣服的大小。

图 7-2-7　尺码表格展示

任务拓展

要求：登录淘宝网仔细观察 1 ~ 2 个店铺的商品描述的样式，独立完成淘宝网店（服装类）的商品描述的制作。

任务评价

表 7-2-1 评价表

评价内容	评价标准	分值	学生自评	教师评估
商品描述的制作步骤	是否熟悉店铺商品描述的制作步骤	35 分		
导入素材、添加文字，制作表格	能否熟练使用 Photoshop CC 进行基本操作	25 分		
添加图层样式特效	是否能使用 Photoshop CC 对店铺商品描述进行修饰	25 分		
情感评价	是否具备分析问题、解决问题的能力	15 分		
学习体会				

任务三　制作商品平铺展示

任务目标

知道商品平铺展示的作用，了解平铺展示的制作方法和步骤，能够利用 Photoshop CC 独立制作商品的平铺展示。

任务分析

利用商品详情吸引了顾客的注意之后，还需要进一步展示商品的相关内容，以便刺激顾客的购买欲望。商品的平铺展示，让顾客对该商品有进一步的了解，吸引顾客能进一步了解商品。

任务过程

1. 制作商品平铺展示分类条

利用上一个任务所制作的分类条，将“分类条”组拖动到新的画布中，进行位置的调整及文字的更改，如图 7-3-1 所示。

平 铺 展 示

图 7-3-1　平铺展示分类条

2. 平铺展示的制作

服装类的商品平铺展示一般为服装的正面和反面，为了说明该图片为实物拍摄，还需要加个实物拍摄说明，添加说明的时候需要注意图文的合理排列，这里可以重点突出“100%”这一文字。对两张平铺图片添加图层样式“外发光”（混合模式：正常；

颜色：黑色；大小：10像素）、“投影”（不透明度：40%；角度：120度；距离：10像素；大小：0像素），并适当旋转2张图片，完成效果如图7-3-2所示。

图7-3-2 商品平铺展示

3. 产品描述

对西服产品的描述主要是针对西服的细节进行描述，吸引顾客接着往下查看产品细节大图展示，我们在分析了西服的特点之后将其细节归纳为6部分，因此在进行产品总体描述的时候可以用2行3列的布局格式来进行描述。

4. 制作产品描述框

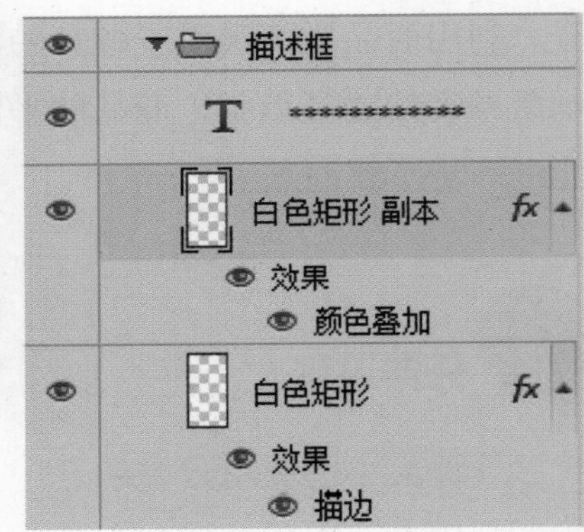

图7-3-4 制作产品描述框

由于6个描述框是相同的，可以通过新建组的方式进行制作：新建一个“描述框”组，绘制一个白色矩形，添加“描边”图层样式（大小：1像素，不透明度：50%，颜色：黑色）。复制该白色矩形，修改该矩形的大小，取消“描边”图层样式，添加“颜色叠加”图层样式（白色以外的颜色均可），添加产品描述文字说明，如图7-3-4所示。

将完成好的“描述框”组复制5份，进行位置调整，打开素材“特点001.jpg”……“特点006.jpg”，将各图片分别利用创建“剪贴蒙版”的方式嵌入“白色矩形 副本”层（将图片拖移到“白色矩形 副本”层的上方，按着“Alt”键，在两个图层之间单击），调整各描述图的大小及位置，修改每个产品描述图的文字说明内容，效果如图7-3-5所示。

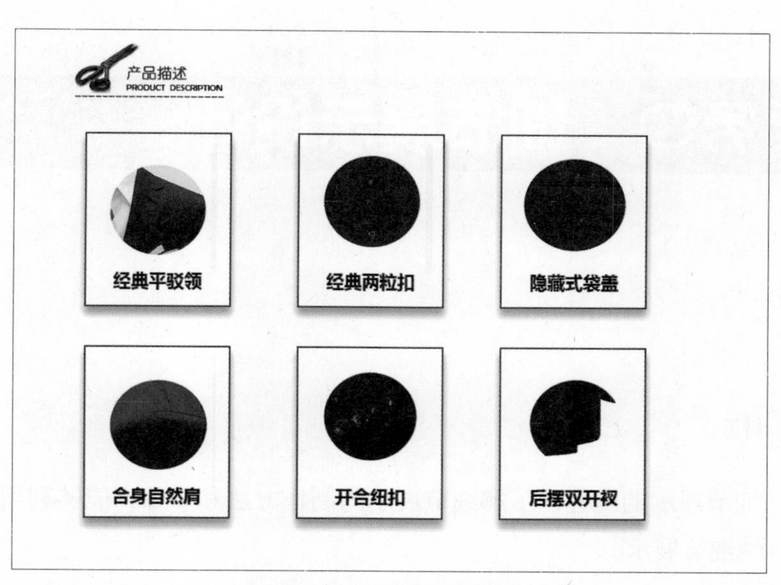

图 7-3-5　完整产品描述框

任务拓展

要求：登录淘宝网仔细观察 1 ~ 2 个商品的平铺展示，独立完成商品平铺展示的制作。

任务评价

表 7-3-1　评价表

评价内容	评价标准	分值	学生自评	教师评估
商品平铺展示和商品描述的制作步骤	是否熟悉商品平铺展示和商品描述的制作步骤	35 分		
导入素材、添加文字	能否熟练使用 Photoshop CC 进行基本操作	25 分		
添加图层样式特效	是否能使用 Photoshop CC 对商品平铺展示和产品描述进行修饰	25 分		
情感评价	是否具备分析问题、解决问题的能力	15 分		
学习体会				

任务四 细节展示设计

任务目标

了解商品细节展示的内容，了解细节展示的制作方法和步骤，能够利用 Photoshop CC 独立制作网店的细节展示。

任务分析

通过商品的平铺展示以及产品描述，成功吸引顾客的注意之后，考虑到顾客可能对商品的细节有更高的要求，还需要再增加一个细节展示，通过大图的方式，完整地展示出产品的细节，供顾客参考并做出选择。

任务过程

1. 制作细节展示分类条

利用上一任务我们所制作的分类条，将“分类条”组拖动到新的画布中，进行位置的调整及文字的更改，如图 7-4-1 所示。

细节展示

图 7-4-1 细节展示分类条

2. 细节展示设计

细节展示部分主要是展示商品的高清细节，因此可以直接用尺寸相等的大图进行展示。我们挑选了 3 张高清大图，还是以创建组的方式进行单个细节展示设计，然后通过复制组的方式完成其他高清细节展示。首先在新建的“细节展示 1”组内新建一个图层，绘制一个和图片相当的矩形，填充任意颜色，再加上文字说明，如图 7-4-2 所示。

图 7-4-2　细节展示设计

3. 制作细节展示图

将完成好的“细节展示”组复制 3 份，由上往下排列，打开素材图片“细节 01.jpg”“细节 02.jpg”“细节 03.jpg”，将各图片分别利用创建“剪贴蒙版”的方式嵌入组内的矩形图中(将图片拖移到矩形层的上方，按着“Alt”键，在两个图层之间单击)，调整各细节图的大小及位置，修改每个细节图的文字说明内容，效果如图 7-4-3 所示。

图 7-4-3　细节展示图

面料细节部分主要是让顾客了解自己所选购的服装是由什么材质制作的，因此面料特性设计部分需要详细描述其选用的材料来源、优势所在。打开素材图片“羊毛.jpg”，对其做适当的大小变形及排版，添加文案资料，完成效果如图 7-4-4 所示。

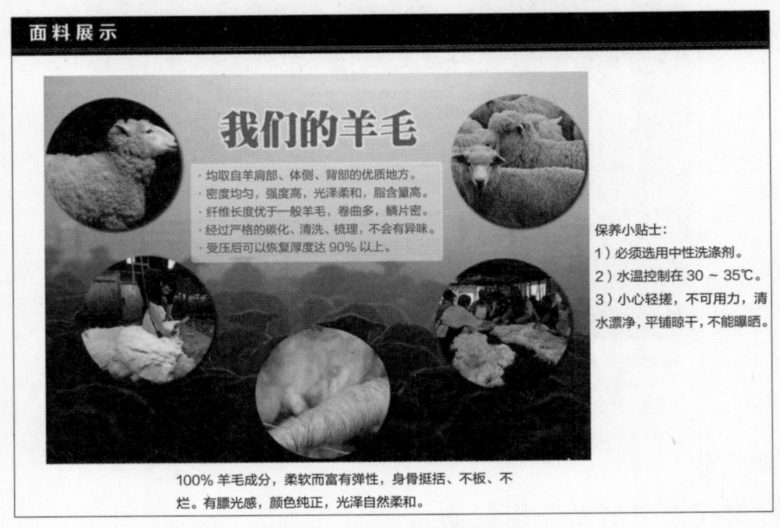

图 7-4-4　面料细节

任务拓展

要求：登录淘宝网仔细观察 1 ~ 2 个店铺的细节展示样式，独立完成淘宝网店（服装类）的细节展示的制作。

任务评价

表 7-4-1　评价表

评价内容	评价标准	分值	学生自评	教师评估
商品细节展示的制作步骤	是否熟悉店铺商品细节展示的制作步骤	35 分		
导入素材、添加文字	能否熟练使用 Photoshop CC 进行基本操作	25 分		
添加图层样式特效	能否使用 Photoshop CC 对商品细节展示进行修饰	25 分		
情感评价	是否具备分析问题、解决问题的能力	15 分		
学习体会				

任务五　合并完整的商品页

任务目标

学会如何合并之前制作的网店网页的每一个部分，使它成为一个完整的商品页。

任务分析

通过之前的一系列制作，我们完成了商品网页的每一个部分，现在我们将把它们合并在一起形成完整的商品页，并使其成为一个模板，其他的商品也可以依葫芦画瓢地进行制作，从而形成一个完整的网店。

任务过程

首先，打开前 4 个活动中已完成的设计图，通过查看各设计图的图像大小，计算完整页面的高度，并新建一个相应高度，宽度为 750 像素的页面；接着用“移动工具”将各设计图拖动到新建的页面中，排列整齐；最后将页面保存为 JPG 格式的商品页。我们的第一个商品页的设计就完成好了，如图 7-5-1 所示。

①

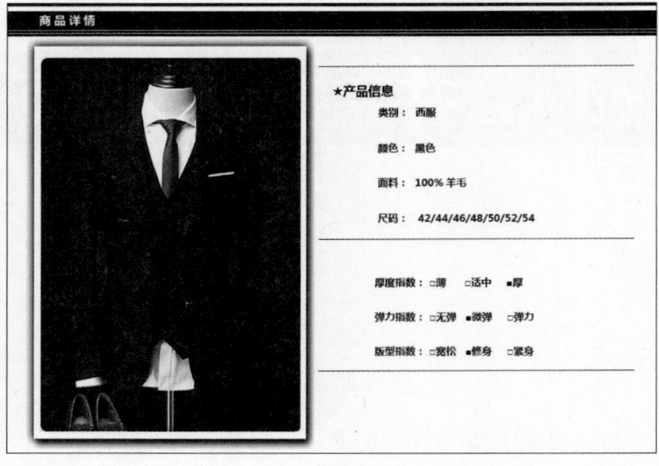

②

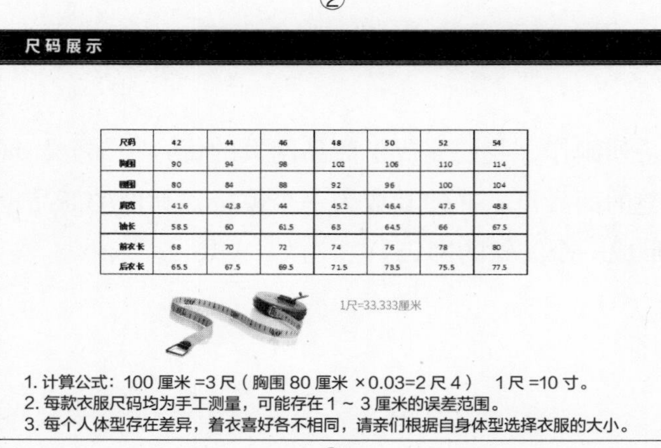

尺码	42	44	46	48	50	52	54
胸围	90	94	98	102	106	110	114
腰围	80	84	88	92	96	100	104
肩宽	41.6	42.8	44	45.2	46.4	47.6	48.8
袖长	58.5	60	61.5	63	64.5	66	67.5
前衣长	68	70	72	74	76	78	80
后衣长	65.5	67.5	69.5	71.5	73.5	75.5	77.5

③

④

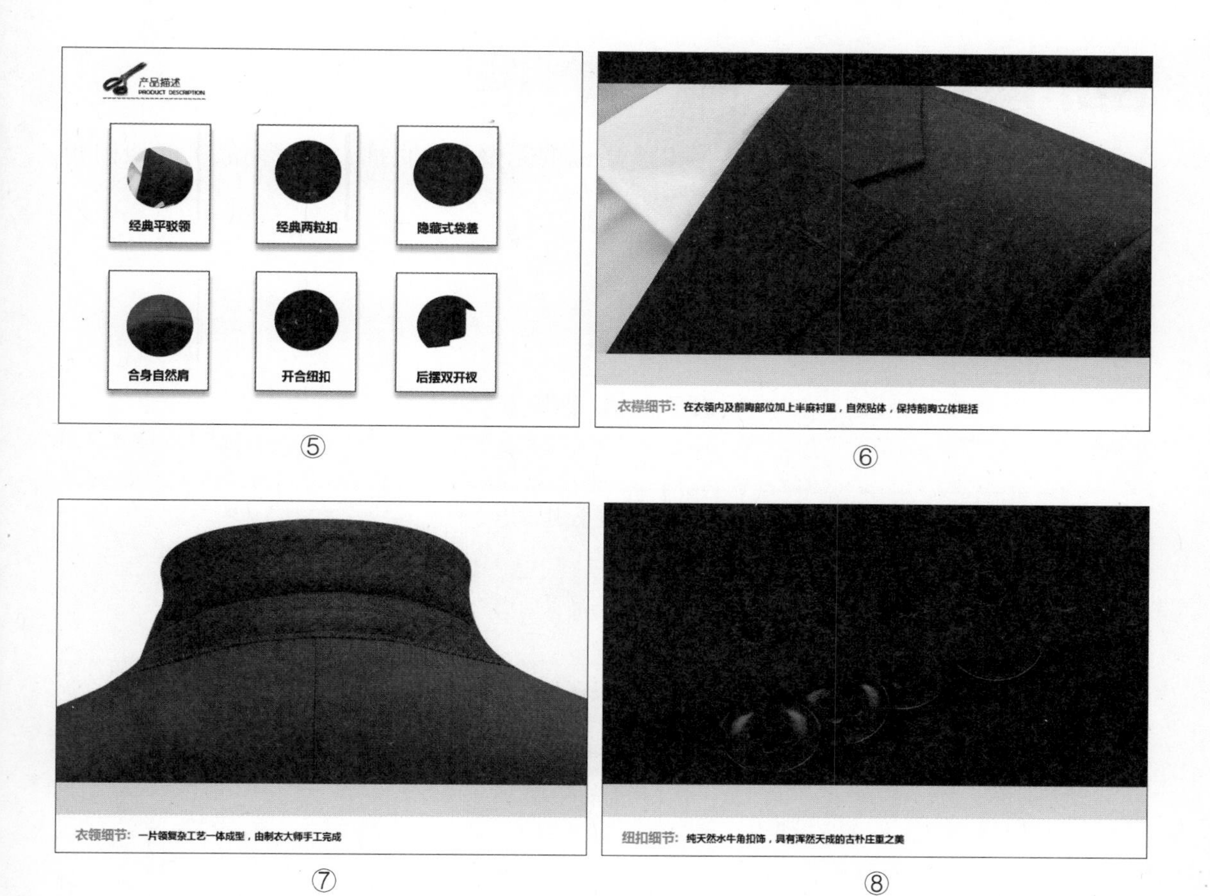

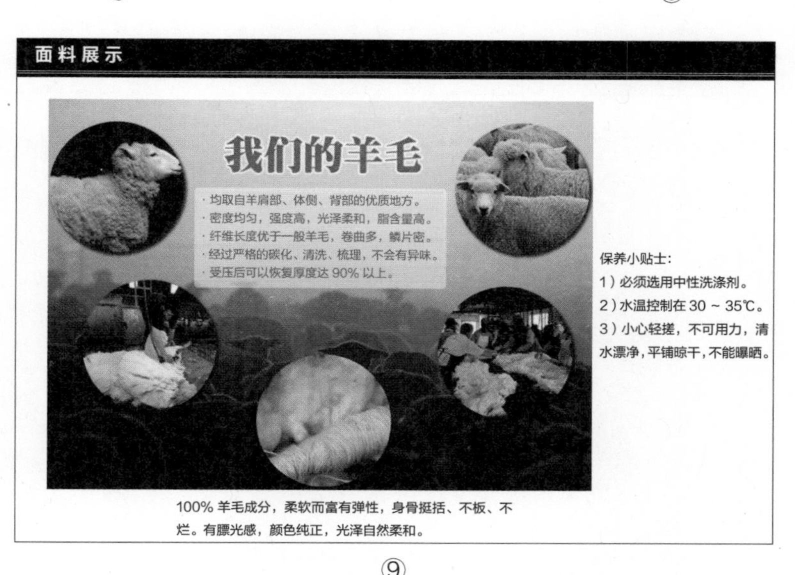

⑨

图 7-5-1　完整的商品页

任务拓展

要求：登录淘宝网仔细观察 1 ~ 2 个店铺的完整商品页面，了解商品页的架构和内容，能独立完成商品页的制作。

任务评价

表 7-5-1 评价表

评价内容	评价标准	分值	学生自评	教师评估
独立制作商品页面	能否熟练使用 Photoshop CC 进行基本操作	35 分		
导入图片、排版	是否能使用 Photoshop CC 对商品页面进行修饰	25 分		
添加图层样式特效	能否使用 Photoshop CC 对商品图片进行修饰	25 分		
情感评价	是否具备分析问题、解决问题的能力	15 分		
学习体会				

参考文献

[1] 莫绍强，陈善国．计算机应用基础实训教程（Windows 7+Office 2010）[M]. 北京：中国铁道出版社，2014.

[2] 刘江林，童世华．计算机应用基础教程：Windows 7+Office 2010 [M]. 北京：中国铁道出版社，2014.

[3] 黄福林．计算机基础知识项目教程 [M]. 重庆：西南师范大学出版社，2012.

[4] 程力．中职素质教育 [J]. 科学咨询：科技·管理．2014（3）.

[5] 黄福林．中职学校电子商务客服人员的培养途径探讨 [J]. 科学咨询：科技·管理．2013（1）.